Knaur.

Die Autoren:
Werner Tiki Küstenmacher, evangelischer Pfarrer, arbeitet seit
1990 als freiberuflicher Karikaturist und Autor. Er hat bereits
über 50 Bücher veröffentlicht. Seine Frau Marion und er sind
Chefredakteure des monatlich erscheinenden Beratungsdienstes
simplify your life®.
www.simplify.de

Marion und
Werner Tiki Küstenmacher

Den Arbeitsalltag
gelassen meistern

mit Karikaturen von
Werner Tiki Küstenmacher

Knaur Taschenbuch Verlag

Besuchen Sie uns im Internet:
www.knaur.de

Vollständige Taschenbuchausgabe Dezember 2011
Knaur Taschenbuch
Ein Unternehmen der Droemerschen Verlagsanstalt
Th. Knaur Nachf. GmbH & Co. KG, München
Copyright © 2005 Campus Verlag GmbH, Frankfurt am Main
Alle Rechte vorbehalten. Das Werk darf – auch teilweise – nur
mit Genehmigung des Verlags wiedergegeben werden.
Umschlaggestaltung: ZERO Werbeagentur, München
Umschlagabbildung: Werner Tiki Küstenmacher
Druck und Bindung: CPI – Clausen & Bosse, Leck
Printed in Germany
ISBN 978-3-426-78458-7

2 4 5 3 1

Inhalt

Vorwort

Liebe Leserin, lieber Leser!

Am Beginn unseres Buches *simplify your life – Die Weihnachtsfreude wiederfinden* haben wir uns als Weihnachtsfans geoutet. Und als Einleitung zu diesem Buch über den Arbeitsalltag gestehen wir es ebenso offen: Wir lieben es, zu arbeiten! Wir erinnern uns beide an die letzten Semester unseres Studiums, in denen wir uns danach sehnten, endlich, endlich in dieser Gesellschaft zu etwas gut zu sein. Wir haben es genossen, in einer Firma zu arbeiten (auch wenn wir in der Hierarchie ziemlich weit unten waren) und jeden Monat ein Gehalt zu bekommen (auch wenn es anfangs kümmerlich war). Nun genießen wir es, selbstständig zu sein und sind dankbar, dass es immer etwas zu tun gibt.

Zugleich waren wir stets auf der Suche nach

der richtigen Balance, aber das ist uns nicht immer gelungen. Arbeit hat eine große Anziehungskraft, sie will eigentlich immer mehr als nur das halbe Leben sein. Daher suchen wir schon seit einigen Jahren nach Mitteln und Methoden, die verhindern, dass die Erwerbstätigkeit mehr als das halbe Leben besetzt – und die gleichzeitig dafür sorgen, dass diese Hälfte auch möglichst viel Freude macht.

In diesem Büchlein haben wir die Tipps zusammengestellt, von denen wir selbst bisher am meisten profitiert haben. Das Ziel heißt vereinfachen und glücklicher werden, den Arbeitsalltag gelassen meistern. Das Wort »meistern« lieben wir sehr. Es macht deutlich, dass wir niemals Knechte, sondern immer Meister unserer eigenen Hände Arbeit bleiben sollen – egal wie die Macht in einem Beschäftigungsverhältnis verteilt ist.

In dem schönen Begriff »Gelassenheit« steckt die Möglichkeit, etwas auch einmal nicht tun zu müssen, sondern es lassen zu dürfen – ohne dabei von der Trägheit übermannt zu werden. Auch die Offenheit, etwas von den Pflichten anderer überlassen zu können – ohne dabei die ganze Verantwortung von sich wegzuschieben. Und die heitere Gewissheit, dass wir trotz aller unserer Pläne und Aktivitäten Lebewesen sind, die sich vom Leben beschenken lassen. Das Leben selbst haben wir nicht gemacht, und das Leben selbst liegt nicht in unserer Macht – aber das macht auch nichts.

Martin Luther, der zeit seines Lebens ein sehr fleißiger und effektiver Arbeiter war, hat auf seinem Sterbebett Folgendes gesagt: »Wir sind Bettler, das ist wahr.« Damit sei der Bereich abgesteckt, den wir hier in diesem Buch behandeln. Es geht um den Arbeitsalltag, und der ist nur das halbe Leben – höchstens.

Marion und Werner Tiki Küstenmacher

So erleben Sie mehr Spaß bei der Arbeit

Wie können Sie Freude an Ihrer Arbeit gewinnen? Die US-Amerikaner Stephen Lundin, Harry Paul und John Christensen beispielsweise haben den Fischmarkt von Seattle analysiert: Ein nasser, kalter, glitschiger und übel riechender Arbeitsplatz mit anstrengender, wenig abwechslungsreicher Arbeit. Trotzdem ist die Atmosphäre in diesen Hallen weltberühmt. In ihrem Bestseller *Fish!* haben die drei Autoren auf dem Fischmarkt die Antwort

darauf gefunden, wie man in seinem Job glücklich wird. Das Fazit: Lieben Sie, was Sie tun. Suchen Sie nicht länger nach dem perfekten Arbeitsplatz, sondern gestalten Sie ihn sich selbst.

Arbeitsfreude ist erlernbar

Irgendwann hatten die Fischverkäufer beschlossen, dass die ungemütlichen Arbeitsbedingungen künftig keinen Einfluss mehr auf ihre Laune und ihre Einstellung haben sollten. Ihr Markt sollte so weltberühmt werden, und ab diesem Moment waren sie keine gewöhnlichen Fischhändler mehr.

Wählen Sie Ihre Einstellung Das heißt für Sie: Sie können durch Ihre persönliche Einstellung Ihren Arbeitsplatz verzaubern. Denken Sie in Alternativen, denn Sie haben immer die Wahl: Entweder meckern oder aus Problemen Herausforderungen machen. Entweder warten, dass andere die Lösung bringen, oder selbst danach Ausschau halten. Sagen Sie zu sich: »Heute entscheide ich mich dafür, diesen Tag zu einem guten Tag zu machen. Meine Kollegen, Kunden und Mitarbeiter werden mir dankbar sein.«

Spielen Sie bei der Arbeit Auch das machen die Verkäufer von Seattle vor: Sie sind auch mal albern oder ausgelassen bei der Arbeit. Auf dem Fischmarkt kann es Passanten schon einmal passieren, dass sie sich ducken müssen, weil ihnen ein paar Krabben um die Ohren fliegen.

Viele fragen sich: Geht das einfach so? Wo doch gerade mein Job so trocken ist? Wo doch gerade meine Branche als so humorlos gilt? Aber gerade in solchen Branchen ist die Sehnsucht nach Freude und Fröhlichkeit besonders groß! Tragen Sie Spiel und Spaß an Ihre Arbeitsstelle, ohne Angst vor Lästerern, Neidern und Chefs. Beweisen Sie den anderen, dass Kreativität aus Spaß entsteht. Sorgen Sie dafür, dass die Zeit bei fröhlicher Arbeit wie im Flug vergeht. Zeigen Sie, dass Freude der Gesundheit nicht schadet, sondern spielen im Gegenteil glücklich macht. Sagen Sie zu sich: »Ich werde Möglichkeiten finden, spielerisch an meine tägliche Arbeit heranzugehen. Ich werde meinen Beruf ernst nehmen, ohne mich selbst dabei übermäßig ernst zu nehmen.«

Bereiten Sie anderen eine Freude Die Späße der Fischhändler sind keine Insider-Scherze, wie sie in Büros oft üblich sind. Die Kunden werden auf dem Fischmarkt mit einbezogen – die Freude an der Arbeit entsteht also durch das Weitergeben der Freude an andere.

Beherzigen Sie die alte Pfadfinderregel der täglichen guten Tat. Gerade, wenn die lieben Kollegen oder Kunden gar nicht so lieb sind, sollten Sie den ersten Schritt machen. Sie wissen selbst, wie viel Freude es Ihnen bereitet, wenn Sie eine Aufmerksamkeit, ein Lächeln oder eine Hilfe geschenkt bekommen, etwa bei einem kniffligen Computerproblem. Diese Freude und gute Laune sollten Sie weitergeben und andere damit anstecken. Sagen Sie zu sich: »Falls meine eigene Energie nachlässt, werde ich nach jemandem Ausschau halten, den ich unterstützen kann und dem ich somit eine Freude und einen schönen Tag bereiten kann.«

Seien Sie präsent Die Fischverkäufer sind mit dem ganzen Herzen und der ganzen Aufmerksamkeit bei der Arbeit – und das sollte man auch, wenn es gilt, fliegende Fische zu fangen ... Achten Sie darauf, dass Sie bei einem Gespräch mit einem Kunden, Kollegen oder Mitarbeiter nicht schon in Gedanken in der

Kantine beim Mittagessen oder bei der Feier-abendgestaltung sind. Erst wenn Sie mit Ihrem ganzen Herzen und Ihrer ganzen Aufmerksamkeit Ihre Arbeit tun, leben Sie voll. Dann werden Sie nicht von Nebensächlichkeiten abgelenkt, sondern erhalten ein feines Gespür dafür, was für Sie und den anderen wichtig ist. Durch Präsenz zeigen Sie Achtung vor Ihren Mitmenschen und auch vor sich selbst. Sagen Sie sich: »Ich bin mit meinem Herzen und meinen Gedanken ganz bei dem, was ich tue. Dann merken meine Kollegen oder Kunden, dass ich da bin, wenn sie mich brauchen.«

Setzen Sie auf den Wow!-Effekt Verwandeln Sie Ihre Arbeit in einzigartige »Projekte«. Das ist das erfolgreiche Rezept des amerikanischen Management-Vordenkers Tom Peters. Seine einfache Botschaft: Machen Sie Schluss mit der Leidensmiene und der Angestellten-Mentalität! Betrachten Sie Ihre Arbeit statt dessen aus einer neuen Perspektive. Ganz gleich, ob Sie Bäcker oder Banker sind, selbstständiger Musiklehrer oder angestellter

Manager, ob Sie mit Kuchen, Krediten, Kursen oder Konzepten zu tun haben – alles lässt sich als »Projekt« begreifen.

Sie können den Blickwinkel ändern, indem Sie ab sofort an der Aufgabenstellung feilen. Normalerweise erhalten Sie Ihre Aufgaben oder Arbeitsaufträge nämlich in denkbar unspektakulärer Form: Dinkelbrot, Baufinanzierung, Klavierstunden, Businessplan. Ganz egal, ob Sie

Ihre Aufgabe allein oder mit anderen zusammen erledigen – erfinden Sie Ihre Aufgabenstellung neu, und formulieren Sie Ihr Projekt um, bis es »cool«, einzigartig und sensationell klingt, so grandios, dass andere nach Luft schnappen. Warum sollten Sie nicht einen Kuchen backen, von dem die Zeitung berichten wird; ein Beratungsmodell entwickeln, das den Vorstand aufhorchen lässt; eine didaktische Neuheit in Ihrem Ort einführen; das laufende Geschäftsjahr zu einem Event machen? Sie werden sehen: Dadurch wird Ihre Arbeit für Sie und für andere interessanter.

Geben Sie Ihrem Projekt einen Namen Dieser Tipp ist einer der ganz bewährten simplify-Tricks: Sagen Sie nicht Routine, Aufgabe oder Produkt, sondern geben Sie Ihrer Arbeit eine frische, individuelle Bezeichnung. Dieser Name kann, muss aber nicht auch nach außen kommuniziert werden. Wenn Ihr Projekt ein Erfolg wird, erinnert man sich noch Jahre später an den Namen: der »Puchheimer Power-Kuchen«, das »Super-sicher-Kredit-Paket«, der Kurs »Musik, Museum & mehr« oder die »Aktion 5 000« in Ihrem Unternehmen.

Alle Tätigkeiten, auch vermeintlich rein technische Routinen, dienen letztlich dazu, das Leben von Menschen zu verbessern oder zu erleichtern. Sehen Sie Ihre Arbeit deshalb als professionellen Service und stellen Sie sich die Menschen vor, denen Sie mit Ihrem Job helfen: eine Frau, der Ihr Brot schmeckt; eine Familie, deren Existenz durch Ihre Versicherung gerettet wird; ein Mädchen, das durch Ihre Initiative eine berühmte Musikerin wird; einen Mann, der durch den von Ihnen initiierten Aufschwung im Unternehmen einen Arbeitsplatz erhält. Nehmen Sie nach Möglichkeit mit diesen Personen Kontakt auf, denn so bekommen Sie Ihre wahren Kunden in den Blick.

Verlagern Sie die Schwerpunkte Normalerweise wird eine Tätigkeit oder ein Projekt in etwa 10 Prozent der Zeit geplant und in den übrigen 90 Prozent durchge-führt. Tom Peters empfiehlt eine neue Aufteilung, um die Erfolgsquote für Projekte und Ihre Freude daran zu erhöhen: 30 Prozent für das *Kreieren* (erfinden, planen und die richtigen, neuartigen Formulierungen auswählen), 30 Prozent für das *Verkaufen* (hausieren gehen, Mitstreiter finden, sich Rückendeckung holen), 30 Prozent für das *Durchführen* und schließlich 10 Prozent für das *Happy End* (das fertige Projekt ans Establishment übergeben, dessen Fortdauer sichern, es feiern und für die Nachwelt dokumentieren).

Übersehen Sie dabei kein Detail, denn jede Kleinigkeit ist wichtig für den Erfolg Ihres Projekts. Halten Sie vor allem sich selbst und Ihre Tätigkeit niemals für »klein«. Auch das kleinste Licht in einer Firma kann Großes bewegen. Auch das kleinste Unternehmen kann im Medienzeitalter eine riesige Leuchtkraft entwickeln. Und das kleinste Detail – vom Produktnamen bis zur Schlagzeile Ihres Werbeauftritts, von der Farbe der Verpackung bis zum Preis hinter dem Komma – kann für den Erfolg entscheidend sein.

Achten Sie auf Schönheit Ästhetik ist wichtig, und zwar in jedem Bereich. Jede Arbeit, jedes Projekt lässt sich so gestalten, dass Sie und Ihre Mitarbeiter es lieben und schön finden können. Nehmen Sie bei Ihrem Projekt einen »Designer« mit an Bord: jemanden, der Geschmack hat und sich um die schöne Erscheinungsform des Ganzen kümmert, der die romantische und künstlerische Dimension Ihres Projekts entdeckt oder zum Leben erweckt. Das lohnt sich immer!

Liefern Sie pünktlich Und noch ein Tipp, wie Sie sich Frust ersparen und die Freude an der Arbeit erhalten können: Machen Sie es Ihren Kritikern nicht dadurch einfach, indem Sie verspätet liefern. Betrachten Sie Termine immer als etwas Heiliges. Deshalb sollten Sie sich bei der Vorbereitung auch nicht auf einen zu knappen Terminplan einlassen. Wenn die Daten aber erst einmal stehen, geben Sie dem Einhalten des Plans oberste Priorität. Arbeiten Sie innerhalb Ihrer Projektgruppe immer ein bisschen zu schnell und nutzen Sie den »Wir-sind-unserer-Zeit-voraus«-Effekt.

Nehmen Sie auch Misserfolge in Kauf. Während Sie an Ihrem neuen Super-Projekt arbeiten, liegen Ihnen zwar vielleicht die Kritiker in den Ohren: »Warum die Angeberei, warum der ganze Aufwand? Wird ja doch nichts, ist ja alles nur heiße Luft.« Vergeuden Sie aber auf keinen Fall Energie damit, Ihr Projekt »normal« zu machen, nur damit es allen gefällt. Vermeiden Sie vor allem die Mittelmäßigkeit und treten Sie anderen ruhig auf die Füße. Sagen Sie ruhig allen Kritikern, dass Sie das Risiko eingehen, denn: Große Erfolge wurden niemals ohne großes Risiko erreicht. Aber Manager und Macher, die viel gewagt haben und manchmal auch scheiterten, haben fast immer eine steilere Karriere gemacht als die grauen Duckmäuser.

Arbeitsblockaden überwinden

Manchmal wirkt eine Aufgabe unmöglich. Es scheint, als seien übermenschliche Kräfte erforderlich, um sie anzugehen und zu meistern. Nehmen wir ein häufig vorkommendes Beispiel: Sie müssen in zwei Wochen einen wichtigen Vortrag halten. Je näher der Termin rückt, desto mehr glauben Sie, dass Sie das nie im Leben schaffen. Sie erledigen allerlei Kleinkram, kommen aber nicht dazu, an der großen Sache zu arbeiten. Nun der Trost: In Ihnen steckt mehr, als Sie meinen! Mit der folgenden simplify-Technik können Sie Ihren Arbeitsstil revolutionieren.

Die Drei-Listen-Technik Sagen Sie sich: Ein Mensch *muss* gar nichts, außer sterben. Sie *können* etwas tun – oder es lassen. Beides hat Folgen. Nehmen wir den ersten Fall: Was spricht dafür, dass Sie diesen Vortrag halten?

Möchten Sie damit Menschen von etwas über-
zeugen, das Ihnen am Herzen liegt? Eignen Sie
sich durch die Vorbereitung wichtige
Kenntnisse an? Wenn Ihnen *ein* guter Grund einfällt, weshalb Sie sich
die Arbeit machen sollten, werden Sie es auch
schaffen!

simplify-Tipp: Schreiben Sie Ihren Haupt-
grund auf und lesen Sie ihn ein paar Mal durch.
Hält er Ihrer Überprüfung stand? Prima!
Denn wenn Sie wissen, *warum* Sie etwas tun
wollen, wachsen Ihnen unglaubliche Kräfte
zu. Dieser Wille ist Ihre nicht zu überbieten-
de Energiequelle.

Benennen Sie auch Ihre inneren Widerstände. Was spricht dagegen, dass Sie die Aufgabe
erfolgreich meistern? Befürchten Sie, dass Sie
Ihren eigenen Anforderungen oder den Erwartungen der anderen nicht nachkommen
können?

simplify-Tipp: Erstellen Sie eine möglichst
genaue Liste Ihrer inneren Ängste. Das kann
zum Beispiel die Sorge sein, dass die Zuhörer
über Sie lachen, dass es Ihnen beim Anblick
des Publikums die Sprache verschlägt oder
dass Sie sich im Thema nicht genug auskennen.

Gehen Sie nun die Liste durch und entwickeln Sie zu jedem Punkt Gegenmittel. Für die gerade genannten Beispiele kann das Folgendes sein: Sie machen eine Übersicht, mit der Sie schnell wieder den Überblick bekommen, wenn Sie den Faden verloren haben; wenn jemand lacht, lachen Sie mit; Sie legen sich einen fröhlichen Satz zurecht, in dem Sie sagen, dass das Thema sehr komplex ist und niemand alles wissen kann. Sie werden sehen: Sobald Sie Ihren großen Angstklumpen in kleine Klümpchen zerteilen, schüchtert er Sie weniger ein.

Wenn Sie »zu viel anderes« zu tun haben, schreiben Sie eine dritte Liste mit all diesen anderen Dingen. Was davon können Sie verschieben? Was delegieren? Was möchten Sie auf jeden Fall abgehakt haben, bevor Sie sich an Ihren Vortrag machen? Das sollten möglichst wenige Dinge sein. Geben Sie dem von Aufschub bedrohten Projekt absoluten Vorrang, und packen Sie möglichst viele Aufgaben auf die Warteliste. Verlassen Sie sich darauf: Wenn Sie die eine große Aufgabe erledigt haben, werden in Ihnen Kräfte frei, mit denen Sie den anderen Kram wie im Flug erledigen können!

simplify-Tipp: Fragen Sie sich bei jedem

Punkt auf der Liste: Was passiert Schlimmes, wenn ich ihn nicht erledige? Geht die Welt unter, wenn Sie an der wahnsinnig wichtigen Sitzung nicht teilnehmen? Prioritäten setzen heißt immer auch, Dinge *nicht* zu tun.

NEIN!

Nebensache

Begrenzen Sie Ihre Zeit für andere Menschen, die Ihnen nahe stehen, möchten Zeit mit Ihnen verbringen. Wenn Sie Ihren Vortrag vorbereiten, haben Sie dementsprechend weniger Zeit für sie. Sprechen Sie mit den Betroffenen darüber: Erklären Sie kurz, woran Sie gerade arbeiten und weshalb das für Sie sehr wichtig ist. Bleiben Sie dabei freundlich, auch wenn die Kollegen Sie bei der Arbeit stören. Das zahlt sich aus, wenn Sie nach dem wichtigen Ereignis wieder mehr Zeit für die »vernachlässigten« Kollegen haben.

simplify-Tipp: Machen Sie keine übergroßen Ankündigungen (»Wenn ich den Vortrag hinter mir habe, habe ich wieder gaaanz viel Zeit für euch«). Verdeutlichen Sie sich und den anderen vielmehr, dass es ganz normal ist, dass Sie arbeiten und dabei auch Anspannungen erleben.

Planen Sie rückwärts Bereiten Sie Ihren Vortrag vor, indem Sie vom großen Tag ausgehen. Was muss kurz davor fertig sein? Das Manuskript, eventuell eine Präsentation. Was machen Sie am Tag davor? Üben, entweder vor dem Spiegel oder vor einem Menschen, der Ihnen nahe steht. Wann muss die Grobstruktur des Vortrags fertig sein? Wie viel Zeit brauchen Sie vorher, um die nötigen Informationen zu erschließen und zu strukturieren? Wann müssen Sie Ihr Ziel klar definieren?

simplify-Tipp: Planen Sie auch dann, wenn eigentlich gar keine Zeit dafür übrig zu sein scheint. Wenn Sie Zeit für die Planung opfern, geht die Durchführung schneller – und unterm Strich benötigen Sie für das gesamte Projekt weniger Zeit. Sollten Sie beim Rückwärtsplanen merken, dass Sie eigentlich schon letzte Woche hätten anfangen müssen, dann schlagen Sie Ihrem Perfektionismus ein Schnippchen: An welcher Stelle können Sie zugunsten der großen Sache beim »Kleinklein« ein Auge zudrücken? Sie können beispielsweise die Informationsquellen beschränken oder den Vortrag nicht ausformulieren, sondern nur mit Stichworten arbeiten.

Nutzen Sie während der Arbeit die Kraft der Vorfreude: Stellen Sie sich bei der Vorbereitung Ihres Vortrags vor, wie Ihr Publikum applaudiert und schätzt, was Sie geleistet haben – das motiviert! Schaffen Sie sich zudem ein Arbeitsumfeld, das Ihrer positiven Einstellung entspricht: ruhig, hell und gut belüftet. Zusätzlich können Sie sich auch Bilder aufstellen, die Sie an Ihre früheren Erfolge oder an andere schöne Dinge erinnern. Konzentrieren Sie sich nicht aufs Scheitern, sondern aufs Gelingen: Nach all den Vorbereitungen wird es ein guter Vortrag werden!

Die simplify-Tagesbilanz

Die erfolgreichste Methode für effizientes und fröhliches Arbeiten ist ein kleines Büchlein, in das Sie am Ende des Tages Ihre Erfolge notieren – auch wenn sie noch so winzig waren. Denn der abendliche Seufzer »Wieder nichts geschafft!« macht nicht nur unzufrieden, sondern auf längere Sicht sogar objektiv krank:

 Rheuma, Rückenschmerzen, Immunschwäche und andere Beschwerden haben ihren Ursprung sehr häufig in einem diffusen Gefühl der Unzulänglichkeit und Unproduktivität, das sich über einen langen Zeitraum erstreckt.

Lassen Sie sich unter keinen Umständen davon abbringen, Ihr kleines Erfolgstagebuch schriftlich zu führen. Es ist ein fundamentaler Unterschied, ob Sie Ihre positiven Gedanken nur als Idee im Kopf bewegen oder sie schwarz auf weiß vor sich sehen. Das schriftliche Wort setzt eine Rückkopplung in Gang: Was Sie selbst niedergeschrieben haben, hat Ihren Kopf verlassen und steht nun als objektive Wahrheit vor Ihnen. Sie vertrauen Ihren eigenen Gedanken deshalb viel stärker, wenn Sie sie nicht nur denken, sondern sie auch sehen können. Handschrift ist dabei in der Regel noch wirksamer als der Ausdruck einer Datei.

Rechnen Sie Ihre Erfolge dabei nicht in relativen Zahlen, sondern in absoluten. Wenn Sie in einem Buch zehn Seiten gelesen haben und sauer über Ihre Leistung sind, weil Sie eigentlich 100 Seiten schaffen wollten – beklagen Sie sich nicht über die 90 ungelesenen, sondern freuen Sie sich über die zehn gelesenen Seiten. Die simplify-Tagesbilanz macht Schluss mit der ständig falschen Unzufriedenheit, dem »gefühlten Unglück« von Menschen, die in Wirklichkeit allen Grund hätten, glücklich und zufrieden zu sein.

Nehmen Sie sich bei der Erfolgsbilanz selbst zum Maßstab. Wenn Sie beispielsweise Angst haben, unbekannte Menschen anzurufen, ist es ein enormer Erfolg, wenn Sie sich heute dazu überwunden haben – auch wenn das für einen Außenstehenden etwas völlig Normales wäre. Beurteilen Sie sich nicht aus der Sicht Ihres Chefs (der es lächerlich findet, dass Sie heute nicht zehn unbekannte Menschen angerufen haben) oder Ihrer Eltern (die Sie immer aufgezogen haben wegen Ihrer Telefonangst). Die simplify-Tagesbilanz rückt die verschobenen Maßstäbe Ihres von fremden Werten dominierten Beurteilungssystems wieder gerade.

Zufriedenheit und Erfolg speisen sich aus vielen kleinen Zufriedenheits- und Erfolgssituationen, Glücksatomen sozusagen. Mit der

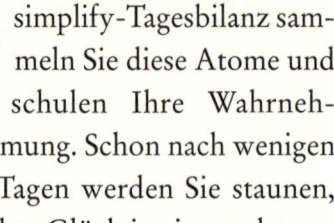

simplify-Tagesbilanz sammeln Sie diese Atome und schulen Ihre Wahrnehmung. Schon nach wenigen Tagen werden Sie staunen, welches Glück in einer gelungenen E-Mail stecken kann, einer aufgeräumten Schublade oder auch einem kurzen Spaziergang in der kalten Herbstluft.

Geben Sie Ihrer simplify-Tagesbilanz einen Namen, beispielsweise »Glückstagebuch«, »mein Erfolgsjournal« oder »Fortschrittskalender«. Finden Sie für Ihre Sammlung positiver Tagesergebnisse einen Namen, der Ihnen entgegenkommt. Machen Sie Ihr Bilanz-Buch zu Ihrem ureigensten, persönlichen Schatz, mit dem Sie die Larmoyanz und den Erfolgsdruck Ihrer Umgebung charmant besiegen.

Das größte Problem der simplify-Tagesbilanz ist, dass sie oft vergessen wird. Verankern Sie sie deshalb fest in Ihrem Tageslauf. Legen Sie einen genauen Platz und eine genaue Zeit fest, an dem Sie Ihre täglichen Eintragungen machen: beispielsweise neben Ihrem PC (während der herunterfährt, fahren Sie in Gedanken noch einmal durch Ihren Tag), in Ihrem

Auto (vor dem Nach-
Hause-Fahren füllen
Sie das »Fahrten-
buch« Ihres Tages aus) oder auf
dem Nachttisch (glücklicher
können Sie kaum einschlafen).

Projektlogbuch und Lernjournal Wenn Sie
ein Produkt herstellen, eine Sportart erlernen
oder ein Buch verstehen möchten, können Sie
mit der Tagesbilanz-Methode Ihren Lerner-
folg verdoppeln und gleichzeitig die Freude
daran erhöhen – indem Sie festhalten, wo Sie
zurzeit stehen, wo Sie hin möchten und was
Sie dafür aktuell getan haben. Ein Kapitän no-
tiert Abend für Abend in seinem Logbuch,
welchen Weg er mit seiner Mannschaft zu-
rückgelegt hat, welche Schwierigkeiten es gab
und welche Erfolge. Werden Sie Ihr eigener
Kapitän, und notieren Sie in Ihrem Logbuch
Ihren persönlichen Lern- oder Erfolgsweg mit
allen guten und schlechten Zwischenergebnis-
sen, Abzweigungen und Stimmungen. Auf
diese Weise fällt es Ihnen deutlich leichter, Ihren Stoff zu strukturieren und zu behalten,
und Sie motivieren sich zusätzlich selbst, weil

29

Sie jederzeit sehen können, was Sie bereits alles geschafft haben.

Was genau möchten Sie lernen oder erreichen, und warum? Erst wenn das schwarz auf weiß vor Ihnen steht, können Sie später ein-schätzen, wie weit Sie Ihrem Ziel näher gekommen sind. Bleiben Sie dabei realistisch und teilen Sie große Ziele in Etappen auf, also nicht »In einem Monat will ich die neue Software perfekt beherrschen«, sondern »In sechs Tagen will ich das erste Modul draufhaben.«

Keine Angst vor dem Arbeitsplatzwechsel

Wenn alle bisherigen Ratschläge keine rechte Freude in Ihr Berufsleben gebracht haben, dann liegt es vielleicht doch daran, dass Sie der richtige Mensch am falschen Platz sind. Stellen Sie sich vor, Ihr Leben wäre eine Landschaft – wo befänden Sie sich jetzt? In einem dunklen Tal, am sonnigen

Meer, in einem öden Industriegebiet oder auf einem einsamen Gipfel? Wo auch immer Sie aktuell sind: Freunden Sie sich mit dem Gedanken an, dass das Beste noch vor Ihnen liegt. Hier ein paar Anregungen, wie Sie aus unbefriedigenden Arbeitsverhältnissen herauskommen und neues Glück an einem neuen Arbeitsplatz finden können.

Finden Sie auf die Sonnenseite Konzentrieren Sie sich auf das, was Sie wollen – und nicht auf das, dem Sie entfliehen möchten. Hören Sie auf, anderen Horrorgeschichten über Ihren Chef und Ihre Arbeitsbedingungen zu erzählen. Erzählen Sie stattdessen: »Also, ich träume von einer Arbeit, bei der ich ...«

Malen Sie in Gedanken die Landschaft weiter aus und beschreiben Sie speziell sich und Ihren Beruf mit einem kleinen Film. Fühlen Sie sich wie an einem Fluss, ohne Möglichkeit, ans andere Ufer zu gelangen? Kämpfen Sie sich durch eine verwunschene Dornenhecke? Oder müssen Sie wie ein mangelhaft ausgerüsteter Ritter gegen viel zu große Drachen kämpfen? Wenn Sie Ihr passendes Bild gefunden haben, stellen Sie sich eine Lösung *innerhalb Ihres Bildes vor:* Bauen Sie in Gedanken eine Brücke über den Fluss, zerschlagen Sie die Hecke mit einem Schwert oder fliehen Sie vom Drachenberg. Suchen Sie das Lösungsbild nicht mit Gewalt, sondern warten Sie, bis es sich ganz von selbst zusammensetzt.

Nutzen Sie die Zeit Nutzen Sie an Ihrer (Noch-)Arbeitsstelle jede Minute, um sich fortzubilden. Lesen Sie das Handbuch der Software, die Sie Tag für Tag benutzen, um neue Kniffe herauszufinden. Lernen Sie HTML oder PowerPoint, dazu gibt es beispielsweise Kurse im Internet. Nutzen Sie jede Chance, um an Seminaren teilzunehmen, und nehmen Sie alles an Wissen und Erfahrungen mit, was Sie legal mitnehmen dürfen.

Spielen Sie fair Sie können sich fit für den nächsten Job machen, aber bleiben Sie dabei immer fair. Lassen Sie sich nicht zu miesen Aktionen verleiten, auch wenn Sie an Ihrem derzeitigen Arbeitsplatz mies behandelt werden. Konzentrieren Sie sich darauf, Ihren Job auch weiterhin gut zu machen – wer seinen alten Arbeitgeber noch nach Kräften schädigen möchte, schadet sich dabei lediglich selbst.

Blicken Sie dem Feind klar ins Auge. Welchem Konflikt möchten Sie entfliehen? Dem Firmengeiz? Pingeligem Perfektionismus? Unehrlichkeit? Mangelnder Wertschätzung? Fragen Sie sich, so ehrlich Sie können: Könnte mir das in der nächsten Firma womöglich genauso gehen? Finde ich das, was ich den anderen vorwerfe, möglicherweise auch in mir selbst wieder? Bin ich selbst geizig, perfektionistisch, unehrlich, ohne Selbstvertrauen? Nein, Sie sollen nicht in Selbstzerfleischung verfallen, aber Sie sollen klar zwischen den Fehlern der anderen und Ihren eigenen unterscheiden. Reden Sie darüber auch mit guten Freunden, um ein objektives Feedback zu erhalten.

Behandeln Sie sich gut Stellen Sie sich vor, Ihr Arbeitsplatz wäre von einem unsichtbaren Schutzschild umgeben, durch den Sie vor Menschen gefeit sind, die Sie seelisch verletzen wollen. Manche stellen sich eine golden leuchtende Energiewand vor, andere bevorzugen eine Rüstung aus unsichtbarem Metall. Ihr Schutzschild sagt Ihnen: Ich bin ich, böse Gedanken anderer können mir nicht schaden.

Gerade wenn Sie im Berufsleben schlecht behandelt werden, sollten Sie es mit sich selbst möglichst gut meinen. Beschenken Sie sich mit kleinen, einfachen Freuden: Lesen Sie ein Buch, das Sie schon immer einmal lesen wollten. Gehen Sie spazieren. Essen Sie Ihr Lieblingsessen. Gehen Sie ins Kino. Besuchen Sie Freunde – lauter Sachen, die Sie sich vor lauter Zeitnot oder Ärger bisher nicht gegönnt haben. Eine fröhliche, gesunde Portion Egoismus schützt Sie davor, sich mit Alkohol oder endlosen Fernsehabenden zu betäuben.

Suchen Sie sich wenigstens eine Sache, die an Ihrem derzeitigen Beruf gut ist: der Blick aus dem Fenster, der neue PC, das Geld, der nette Kollege aus der PR-Abteilung oder was auch immer. Bewahren Sie diese positive Erfahrung, denn Dankbarkeit ist die Energie, die gute Dinge in Ihrem Leben anzieht.

Wenn Sie vor der Entscheidung stehen, *ob* Sie die Stelle wechseln sollen und *wohin* es gehen soll, dann achten Sie nicht nur auf die Fakten, sondern auch auf Ihr Gefühl. Bedenken Sie: Angst (»Wenn ich kündige, finde ich nie wieder eine Stelle«) kommt aus dem Kopf, Vertrauen dagegen aus dem Herzen und dem Bauch.

Bei dieser schwierigen Entscheidung ist es ratsam, sich einen Berater zu suchen. Das muss kein teurer Headhunter oder professioneller Coach sein (obwohl die sehr hilfreich sein können). Ein Freund, der selbst schon öfter mit Erfolg den Arbeitsplatz gewechselt hat, kann Sie ermutigen und Ihnen den entscheidenden Anstoß geben. Kommunizieren Sie, und sprechen Sie vor allem mit Menschen, die den Absprung gewagt haben. Die meisten von ihnen werden bestätigen: Wenn Sie erst einmal gewechselt haben, ist die schwierige alte Zeit schnell vergessen. Rückblickend werden Sie sich nur noch wundern, warum Sie so lange gezögert haben. Sie werden es selbst erleben: Das Beste Ihres Lebens liegt noch vor Ihnen!

So organisieren Sie
Ihren Arbeitsplatz

Ihr Arbeitsplatz sollte die effizienteste und am überlegtesten gestaltete Umgebung Ihres Lebens sein. In der Realität ist sie allerdings oft eine reichlich unaufgeräumte und vernachlässigte Zone. Ein aufgeräumter Arbeitsplatz ist keine Frage der Ästhetik, sondern eine unabdingbare Voraussetzung für Ihren beruflichen Erfolg und für einen klugen Umgang mit Ihrer Zeit.

Der Power-Schreibtisch

Das Herzstück Ihres Arbeitsbereichs ist – zumindest in sehr vielen Berufen – der Schreibtisch. Hier verbringen Sie den Großteil Ihres Arbeitstages, einmal abgesehen von Meetings, Besprechungen oder Außenterminen. Der

Schreibtisch ist Ihr persönlicher Bereich, für den Sie alleine verantwortlich sind – folglich auch für die Ordnung beziehungsweise Unordnung darauf. In diesem Kapitel zeigen wir Ihnen, wie Sie aus einem chaotischen Möbelstück, auf dem Sie nichts wiederfinden, einen hilfreichen Freund machen.

Lagern Sie Ihr Chaos aus! Sie finden, dass Ihr (kreativ chaotischer) Schreibtisch ein Ausdruck Ihrer Persönlichkeit ist? Wenn Ihnen ein aufgeräumter Schreibtisch unsympathisch ist, weil er in Ihren Augen ein Sinnbild konservativer Pingeligkeit ist, dann veranstalten Sie Ihr kreatives Chaos auf einem Sideboard neben oder hinter Ihrer Arbeitsplatte, gestalten Sie Ihre Wände punkig oder poppig – aber sparen Sie den Schreibtisch aus.

Denn wenn auf Ihrem Schreibtisch zu viele Dinge stehen, schadet das Ihrer Konzentration. Begrenzen Sie deshalb die Anzahl aller Gegenstände: höchstens zwei Fotos, und zwar säuberlich gerahmt. Ebenso höchstens zwei Becher mit Stiften und so weiter.

Ein Sonderproblem sind manche Geschenke: Ein Kunde oder Kollege schenkt Ihnen eine Plüschmaus, eine Simpsons-Statue oder sonst ein Geschmacksmonstrum, das Sie nur sehr ungern auf Ihrem (inzwischen aufgeräumten) Arbeitsplatz aufstellen möchten. Sie wollen den anderen aber auch nicht beleidigen. Dagegen hilft es, sich begeistert und selbstlos zu zeigen (»Das ist ideal für meinen süßen kleinen Neffen!«). Dann erwartet der Schenker nicht, sein Mitbringsel demnächst in Ihrem Büro anzutreffen. Oder Sie stellen es einen Monat lang artig auf und lassen es dann verschwinden.

Stellen oder hängen Sie eine Uhr auf – aber so, dass sie nicht in Ihrem direkten Blickfeld ist, denn sonst arbeiten Sie unter dem Diktat der Minuten und Sekunden. Sie sollten mit einer 90-Grad-Drehung des Kopfes einen ungehinderten Blick auf das Zifferblatt haben. Empfehlenswert ist eine Uhr mit Zeigern, weil diese Art der Darstellung Ihre rechte, kreativ-ganzheitliche Hirnhälfte anspricht. Außerdem sollten Sie eine mit Funksteuerung wählen, damit Sie sich absolut auf die angezeigte Zeit verlassen können.

Sie sollten nicht mit Tricks arbeiten, die Ihr Unterbewusstsein belasten (zum Beispiel, indem Sie Ihre Uhr 10 Minuten vorstellen, damit Sie immer pünktlich genug losgehen). Klug ist es, wenn Sie Ihre Uhr (oder eine zweite) so aufstellen, dass Besucher sie direkt vor Augen haben: Dann verstehen sie Ihre zarten Andeutungen (»Jetzt muss ich aber weiterarbeiten«) besser.

simplify-Idee Zweitschreibtisch Viele Berufe bestehen aus höchst unterschiedlichen Anforderungen: Auf der einen Seite müssen Abläufe geplant, Termine verwaltet, Kontakte gemanagt, Rechnungen geschrieben oder Buchhaltungsbelege bearbeitet werden. Die ideale Arbeitsumgebung dafür sieht aus wie ein großes Feld, auf dem Traktor und Mähdrescher ungehindert ihre langen Bahnen fahren können.

Auf der anderen Seite gilt es, Reden zu schreiben, Berichte zu verfassen, Produkte zu entwickeln, Menschen zu begeistern, Beziehungen zu pflegen oder Innovationen zu erfinden. Dafür erscheint ein blühender Garten am sinnvollsten, in dem es viel zu entdecken gibt und in dem lauschige Plätze zum Verwei-

len einladen. Der Schreibtisch vieler arbeitender Menschen ist ein Abbild dieses Dilemmas: ein Acker mit Blümchenrabatten. Dort zu arbeiten ist ein ständiger Kompromiss. Daher liegt die Idee auf der Hand, beide Bereiche voneinander zu trennen,

Pfarrer Bernhard K. hat in seinem Amtszimmer, von dem aus er eine große kirchliche Verwaltung zu leiten hat, einen großen, fast vollständig leeren Schreibtisch. Für ihn und die Mitarbeiter gibt es genaue Regeln, welche Vorgänge auf seiner Tischplatte abgelegt werden dürfen und welche nicht.

Im Arbeitszimmer seiner Dienstwohnung dagegen steht ein »Gesamtkunstwerk« von

Schreibtisch, Computer und angrenzenden überquellenden Regalen, das er Besucher nur ungern sehen lässt. Hier entstehen seine Predigten, Reden und Zeitschriftenartikel. Dabei fühlt er sich im kreativen Chaos seiner »Klause« eben-

so wohl wie an dem eindrucksvollen »Flug-
zeugträgerdeck« im Büro. Wohl dem, der
Raum für beides hat!

Ein Schreiner hat in seiner
Werkstatt auf einem Tisch
die einzelnen Aufträge liegen: Konstruktionszeichnungen, Kun-
denadressen, dazu Kataloge seiner Lieferanten
und so weiter. Die eigentliche Arbeit führt er
an der Hobelbank und den anderen Maschinen
aus. Der Schreiner wäre sehr unglücklich,
wenn der ganze Papierkram auf seiner Hobelbank läge, denn dann hätte er keinen Platz mehr
zum Arbeiten. Die meisten Büroarbeiter aber
tun genau das: Sie vermischen die Funktionen
von (Organisations-)Tisch und Arbeitsplatz.

Wenn Sie Ihre Arbeit hauptsächlich am
Schreibtisch und am Computer ausführen,
dann betrachten Sie Ihren Schreibtisch als Hobelbank. Hier wird eine Arbeit nach der anderen fertig gestellt. Daneben sollten Sie einen
zweiten Tisch haben, auf dem die zu erledigenden Arbeiten warten.

Lebenssimulation auf der Tischplatte Diese
Fläche können Sie *Lebenstisch* nennen, weil Sie

dort nicht nur Aufträge stapeln, sondern Ihr gesamtes Arbeitsleben in einer Art dreidimensionaler Simulation aufbauen können. Einige der Möglichkeiten:

- Was wichtig ist, kommt nach vorn.
- Links liegt, was als Nächstes getan werden muss. Was erledigt ist, wird rechts vorne abgelegt.
- An den Schmalseiten hinten liegen Dinge, die Sie erfreuen – die Ihrem Arbeitsleben sozusagen Halt geben, zum Beispiel schöne Kataloge über Ihr Hobby.
- Am hinteren Rand in der Mitte stapeln Sie die größeren, längerfristigen Aufgaben – sozusagen die zu ersteigenden Gebirge.

Der Lebenstisch ist dabei kein Ersatz für ein schnelles Ordnungssystem (wie beispielsweise eine Hängeregistratur), mit der Sie To-do-Stapel und Papierchaos vermeiden, sondern er ist das Bindeglied zwischen Ihrem Arbeitsplatz und der Zwischenablage – in etwa das, was in verarbeitenden Betrieben »Arbeitsvorbereitung« genannt wird.

Dieser zweite Tisch muss nicht groß sein. Unter Umständen lässt er sich auch auf zwei bis drei Regalbrettern organisieren. Bei extremem Platzmangel können Sie die ver-  schiedenen Ebenen auch an einer Wand mit Hängekörben simulieren. Der Lebenstisch wirkt auf zwei Ebenen:

- *Arbeitstechnisch:* Durch den Lebenstisch halten Sie Ihre Arbeitsfläche frei und haben dort nur *ein einziges* Projekt vor sich – unser oft wiederholter Ur-*simplify-Tipp*.
- *Psychologisch:* Der Lebenstisch gibt Ihnen im wahrsten Sinne des Wortes einen Überblick über Ihr Arbeitsleben. Aus der manchmal unübersehbaren Flut von Pflichten wird ein halbwegs geordnetes Gebilde. Der Tisch ist – auch wenn er manchmal übervoll ist – begrenzt. Sagen Sie sich: »Wenn ich meinen Tisch geschafft habe, habe ich meine Pflicht getan.« Sie sehen, was zu tun ist, was davon sehr wichtig und was weniger wichtig ist und vor allem, was getan ist. Durch Umgruppieren der einzelnen Papiere (hinter de-

nen ja Aufgaben stecken) können Sie die Prioritäten Ihrer Arbeit verschieben – auch probeweise.

Das Chaos besiegen

Sie räumen an Ihrem Arbeitsplatz nicht auf, weil Sie so viel zu tun haben. Sie haben aber immer mehr zu tun, weil Ihnen im Durcheinander die Arbeit immer langsamer und mühsamer von der Hand geht. Wie können Sie aus diesem Teufelskreis ausbrechen? Im Folgenden zeigen wir Ihnen ein paar Ansätze für besonders harte Fälle. Sie behandeln die Problemzone »chaotischer Schreibtisch«, gelten aber auch für unaufgeräumte Zimmer und andere Entrümpelungsbereiche.

Viele Menschen kriegen die Kurve zum Aufräumen nicht, weil sie ein übertrieben perfektes Bild vom ordentlichen Schreibtisch haben und deswegen den dafür erforderlichen zeitlichen Aufwand überschätzen. Professionelle Aufräumer veranschlagen für ein seit zwei Jahren nicht mehr aufgeräumtes Büro jedoch nur ein bis höchstens zwei Tage Arbeit. Mehr ist es nicht! Denn am Ende soll ja nicht ein »Neubau« stehen, sondern ein funktionierender Arbeitsplatz. Das Verschönern und Verfeinern können Sie getrost auf später verschieben.

Legen Sie einen A-Tag ein Durchbrechen Sie also den Teufelskreis! Geben Sie sich das Kommando: »Alle Maschinen stopp!« Suchen Sie in Ihrem Kalender nach einem noch unbelegten Tag und tragen Sie den A-Tag (»A« für »Aufräumen«) dort ein, so als wäre es ein wichtiges Meeting oder ein unaufschiebbarer ganztägiger Check beim Arzt. Starten Sie Ihren Aufräum-Tag am Morgen, und zwar so früh wie möglich: kurzes Frühstück, keine lange Zeitungslektüre, keine Telefonate, kein Angucken von Post und E-Mails, keine sonstigen Ablenkungen. Gehen Sie direkt ran! Schalten Sie alle Störungen aus und den Anrufbeantworter ein. Heute ist der Tag. Denken Sie nicht daran, was dadurch heute alles unerledigt bleibt. Denken Sie nur daran, wie wunderbar Ihr Arbeitsplatz morgen aussehen wird!

Trennen Sie, was nicht zusammengehört
Wenn bei Ihnen auf dem Schreibtisch und in
den Regalen Zettel, CDs, Bücher und Schachteln wild durcheinander lagern, lautet der erste Schritt: Entmischen! Trennen Sie das Chaos nach der Art: alle CDs und CD-ROMs in
ein Fach, Bücher aufrecht ins Regal, Zeitschriften auf einen Haufen, Software-Boxen
und andere sperrige Dinge
am besten in eine große Kiste, die außerhalb des Büros
verstaut wird. Das Chaos-
Gefühl wird sich schlagar-
tig verringern, und der Weg zum echten Aufräumen ist frei.

Nutzen Sie die Ortswechsel-Methode Das
Aufräumen der Schreibtischplatte ist oft so
schwierig, weil Sie an Ihrem Arbeitsplatz von
vielen weiteren Chaos-Quellen angestarrt
werden (»Das Regal sieht ja noch schlimmer
aus als der Tisch!«). Die simplify-Idee lautet in
diesem Fall: Ortswechsel! Nehmen Sie eine
große Kiste, und packen Sie den *gesamten* In-
halt Ihrer Schreibtischoberfläche dort hinein.
Nur Lampe, Telefon und Computer dürfen

stehen bleiben. Ziehen Sie sich mit der Kiste in ein anderes Zimmer zurück, etwa auf das leer geräumte Bett im Schlafzimmer oder an einen Tisch im Konferenzraum. Dort sortieren Sie alles auseinander, sozusagen in neutraler Atmosphäre. Sie werden merken, dass Sie dort besser vorankommen und sich leichter von Dingen trennen können.

Was Sie zum Aufräumen brauchen, sind 1 kg Gelassenheit, 5 Tassen Durchhaltevermögen, 3 gehäufte Esslöffel Ehrlichkeit, 500 g Fleiß, eine große Prise Humor, einen CD-Player mit Ihrer Lieblingsmusik, eine Packung große Umschläge, leere Ordner mit genügend Trennblättern, leere Stehsammler, einen wasserfesten Marker, einen Bleistiftspitzer, einen Staubsauger, einen Eimer mit Wasser, Reiniger und Schwammtuch, ein Handtuch, einen riesigen Abfalleimer, einen noch größeren Altpapiercontainer sowie fünf große Kisten mit den Aufschriften: »Schmutziges Geschirr«, »Recycling-Müll«, »Zurück ins richtige Zimmer«, »Zurück an Absender« und »Frei gewordene Mappen, Boxen, Ordner«.

Eine der größten mentalen Bremsen beim Aufräumen ist das Stochern in Ihrer eigenen Vergangenheit: Sie finden unerledigte Vorgänge und vergessene Aufgaben. Machen Sie sich klar, dass sich Ihre Umwelt und Ihre Persönlichkeit längst weiterentwickelt haben und sich viel weniger um das Vergangene kümmern, als Sie denken. Wir empfehlen die Grundregel: Was älter ist als sechs Monate, wird weggeworfen. Ausnahmen sind steuerlich relevante Unterlagen (Quittungen, Rechnungen, Bescheinigungen), aber »Zu erledigen«-Dinge von vor über einem halben Jahr sind meist keine Träne mehr wert.

Seien Sie geizig beim Aufheben Lesen Sie bei Zeitschriften höchstens das Inhaltsverzeichnis – ansonsten ist Lesen verboten! Heben Sie keine kompletten Zeitschriften auf, sondern schneiden Sie aus, was unbedingt aufgehoben werden muss, und sammeln Sie es in einer Archiv-Hängeregistratur oder in Aktenordnern.

Nervig sind auch die vielen Visitenkarten. Werfen Sie so viele wie möglich weg und behalten Sie nur die allerwichtigsten. Diese kleben Sie am besten auf Rolodex-Karten und sortieren sie in die Adressen-Rolldatei. Oder Sie besorgen sich einen kleinen Karteikasten mit einem alphabetischen Register. Machen Sie sich beim Aussortieren bewusst, dass Sie im Notfall über die Auskunft, das Internet oder einen Anruf bei Geschäftspartnern so gut wie jede Adresse herausfinden können.

Was beim Aufräumen auf dem »Zurück ins richtige Zimmer« und »Sofort erledigen!«-Stapel gelandet ist, erledigen Sie innerhalb der nächsten drei Tage – und zwar mehr schlecht als recht. Trennen Sie sich von der fixen Idee, dass Sie lange aufgeschobene Arbeiten zum Ausgleich ganz besonders sorgfältig zu Ende führen müssen – diese Idee war ja der tiefere Grund für Ihre hohen Stapel und das Chaos in ihrem Büro! Stellen Sie um auf »zack und weg!«.

Dauerhaft für Ordnung sorgen

Oft ist der Wille zum Aufräumen und Organisieren einer chaotisch gewordenen Büro-

landschaft vorhanden, aber der Glaube an die Nachhaltigkeit der Aktion fehlt. Es ist eine ausgesprochen blockierende Phantasie, dass nach einem A-Tag »bald wieder alles so chaotisch ist wie vorher«. Wer aber so denkt, wird in seinem Leben niemals richtig vorankommen. Deshalb hier ein paar bewährte Tipps, mit denen Sie eine solide Dauerordnung in Ihrem Büro installieren können.

Kippen Sie Ihren Schreibtisch um! Verwandeln Sie die waagerechten Haufen in senkrecht stehende Inhalte von Hängemappen. Verteilen Sie *jedes* Schriftstück, das auf Ihrer Arbeitsfläche liegt, entweder in die Hängeregistratur, in Ordner oder in den Papierkorb.

Sparen Sie sich die Mappe »Dringend!«. Die Erfahrung zeigt, dass man in eine solche Map-

pe in der Regel nicht mehr hineinschaut. Bei dringenden Angelegenheiten hilft nur eins: Erledigen! Nur wenn es aus triftigen Gründen nicht sofort geht, machen Sie daraus einen Eintrag in der To-do-Liste Ihres Zeitplaners und lagern die erforderlichen Unterlagen in der zugehörigen Mappe. Dadurch bilden sich bei Ihnen nicht mehr die »Sofort erledigen!«-Stapel auf der Schreibtischplatte, mit denen Sie Ihre Arbeitsfreude vergiften.

In Ihrem Büro sollten Sie zudem alle verführerischen Abstellräume eliminieren. Sammlernaturen kennen das: die ebene Fläche oben auf dem Drucker oder Scanner, der Platz unter dem Sessel, hinter der Tür, neben dem Schrank, der Besuchertisch, die kleine Trittleiter – alles ist früher oder später »nur mal eben« von Papierstapeln höchster Dringlichkeit belegt. Aufräumen allein hilft da wenig, weil diese Flächen bald wieder zum Dauerparkplatz von Schriftstücken werden. Schützen Sie derartig gefährdete Plätze durch Blumen oder andere Gegenstände, die Schönheit und gute Stimmung verbreiten.

Wo das nicht geht (eine Orchidee auf dem Scanner wäre übertrieben), arbeiten Sie mit »positiver Ablenkung«: Investieren Sie großzügig in stabile Stehsammler, leere Ordner, Schubladensysteme und andere Ablagemöglichkeiten. Überlisten Sie sich selbst mit dem Lusteffekt: Menschen, die gerne eingehende Zeitschriftenartikel, Prospekte und andere (möglicherweise eines Tages benötigte) Papiere sammeln, ordnen diese auch gerne ein – wenn dafür ein verlockender Sammelplatz bereitsteht. Aber legen Sie keine No-Name-Container an! Beschriften Sie jeden Ordner, Stehsammler und jede Schublade, sobald sich etwas darin befindet! Sie sollten auch nie allen Platz ausfüllen, sondern immer Reservecontainer bereithalten. Denn sobald auch nur ein Ordner überfüllt ist und Sie ein Stück Papier »irgendwo« zwischenlagern müssen, ist der alte Schlendrian wieder da!

Die hohe Schule des Wegwerfens In vielen Büros, Fabriken und anderen Arbeitsstätten wird immer noch viel zu wenig weggeworfen – nicht nur von eingefleischten Sammlernaturen. Deswegen sollten Sie das Wegwerfen zu einer Gewohnheit machen! Werfen Sie stets etwas weg, wenn Sie etwas Neues eingekauft haben. Verankern Sie diesen Grundsatz als Zere-

52

moniell, indem Sie bereits beim Einkaufen des Neuen beschließen, was Sie mit dem Alten machen werden (verschenken, verkaufen, entsorgen), denn nur so können sie dauerhaft für Ordnung sorgen. Das gilt auch für Bücher und Zeitschriften.

Der Grundsatz »Im Zweifelsfall wegwerfen« mag hart klingen für Menschen, die vorher im Zweifelsfall alles aufgehoben haben (und auch so erzogen wurden). Und es erscheint auch hart in Zeiten, in denen die Preise steigen und die wirtschaftliche Zukunft unsicher ist (»Da sollte man doch nichts wegwerfen«). Aber gerade in solchen Zeiten brauchen Sie Beweglichkeit und Flexibilität, und die wird durch nichts so sehr eingeschränkt wie durch überfüllte Regale und Zimmer.

Vermutlich sind an die 80 Prozent aller in irgendwelchen Stapeln herumliegenden Schriftstücke Zweifelsfälle, die Sie getrost entsorgen können. Sehen Sie es so: Wenn es Ihnen wirklich

einmal passiert, dass Sie etwas Wichtiges weggeworfen haben und Sie es nur mit einigen Anstrengungen wieder beschaffen können – dann
wissen Sie, dass Sie endlich den Endpunkt Ihres großzügigen Wegwerfens erreicht haben!

Entzaubern Sie Legenden Jeder Mensch, der
viel aufhebt, kennt ein paar ergreifende Geschichten, wie er mit etwas Aufgehobenem einem anderen einen unschätzbaren Dienst erwiesen hat. Analysieren Sie solche
Erlebnisse kritisch: Wie hoch war
der wirkliche Nutzen? Stand er in
einem vernünftigen Verhältnis
zum enormen Aufwand Ihrer Lagerhaltung?
Und wie sieht es mit den negativen Belastun-
gen aus (etwa in der Partnerschaft), die durch
Ihre Sammelwut hervorgerufen werden?

Viele Alles-Aufheber befürchten, dass sie
das Wegwerfen bereuen könnten. Das bedeutet, dass sogar ihre Zukunftsplanung von der
Vergangenheit bestimmt wird (sie denken jetzt
schon ans Zurücksehen). Der Schlüssel zum
richtigen Wegwerfen liegt deshalb in der Zeit-
orientierung: Denken Sie zukunftsorientiert!
Orientieren Sie sich neu und betrachten Sie das

Wie sich 1956 jemand freute, daß ich Zahnpastatuben-verschlüsse sammle...

Wegwerfen als etwas, das Sie von den Ketten der

Vergangenheit befreit. Wenn Sie etwas wegge-worfen *haben*, ist Bereuen (also rückwärts ge-wandtes Denken) ja nicht mehr nötig!

Machen Sie den Google-Test Wir möchten Ihnen noch eine verblüffende Methode vor-stellen, die Ihnen beim Abschied von papier-nen »Archiven« hilft (die Anführungszeichen sollen darauf hindeuten, dass die meisten Sammlungen alter Artikel und Schriftstücke keineswegs so schön geordnet sind wie ein richtiges Archiv): Prüfen Sie stichprobenartig, was Sie zum Thema eines papiernen Artikels im Internet finden. Geben Sie in einer Such-maschine (zum Beispiel *www.google.de*) die entsprechenden Begriffe ein. Mit etwas Übung und Geduld – selten werden Sie beim ersten Mal das treff-sicherste Suchwort erwischen – stellen Sie in der Regel fest, dass zu dem gesuchten Thema zahlreiche Informationen online verfügbar sind. Meist sind sie sogar ak-tueller und haben den unschätzbaren Vorteil, dass sie in digitaler Form vorliegen. Die Ergebnisse einer Online-Recherche können Sie direkt (mit den Funktionen »Kopieren« und »Einfügen«) in Ihre Vorträge oder sonstigen Arbeiten einbauen.

Heben Sie nur das Nötigste auf Gerade in Versicherungs- und Behördenordnern sammeln sich zu einem einzigen Vorgang oft umfangreiche Papierstapel an. Hier können Sie die Faustregel beherzigen, nur das erste und das letzte Schriftstück aufzuheben. Bei Versicherungen sind das beispielsweise die Anfangspolice und die letzte Aktualisierung mitsamt dem letzten Anschreiben, auf dem Sie die aktuelle Adresse und Ihren Ansprechpartner finden. Auch die meisten anderen Ordner können Sie mit diesem Grundsatz deutlich verschlanken.

Laut Gesetz müssen Sie als Selbstständiger alle steuerlich relevanten Belege zehn Jahre lang aufbewahren. Das bedeutet aber nicht, dass die 50 betroffenen Ordner ständig griffbereit in Ihrem Büro stehen müssen. Der Fall, dass Sie vom Finanzamt zur Herausgabe einzelner Belege gebeten werden, ist so selten, dass Sie die alten Sachen auch in einer Kellerkiste aufbewahren können. Nehmen Sie für jedes Jahr eine, und werfen Sie Anfang 2003 dann genüsslich die Kiste von 1993 fort. Angestellte können nach dem Erhalt des endgültigen Steuerbescheids ohnehin alle Unterlagen entsorgen. Tun Sie's!

Geheimnisvolle Stauräume entdecken

»Mein Büro ist einfach zu klein.« Diesen Seufzer haben Sie sicher schon häufig gehört oder sogar selbst hervorgebracht. Manchmal muss man schon kleine Wunder vollbringen, um neue Aufbewahrungsorte zu erschließen. Hier sind einige Tipps für neue, bisher unentdeckte Stauräume:

Verschieberegale Die Firma Lundia bietet zu ihren leichten und stabilen Naturholzregalen ein Schienensystem an, mit dem Sie auf einer Wandfläche von 3 Metern 5 Meter Regalfläche unterbringen können (auf 4 Metern 6 Meter, und so weiter). Die Regale stehen dabei in zwei Reihen hintereinander, wobei die vorderen sich vor den hinteren verschieben lassen.

Bücher in der zweiten Reihe Clever, aber eine Art Nirwana für schriftliche Unterlagen: Was Sie einmal in der zweiten Reihe verstaut haben, vergessen Sie leicht für immer.

simplify-Tipp: Bei selten benutzten Nachschlagewerken können Sie einige Bände davon hinter den anderen parken. Und falls Sie eines Tages den Band R–Z nicht finden, werden Sie sich erinnern, dass er sich hinter den sichtbaren anderen Bänden befindet.

Schranktüren als Pinnwand Nutzen Sie die großen Flächen von Schranktüren, um häufig benötigte Informationen dort anzubringen. Besonders praktisch sind Metallschränke, an  denen Sie mit Magneten schnell Papiere befestigen und diese auch wieder abnehmen können. Achten Sie allerdings bei dieser Methode darauf, veraltete Informationen sofort zu entfernen.

Schranktüren von innen Bei Büro- und Küchenschränken bleibt zwischen Tür und Regalbrettern meist noch Raum genug für schmale Körbe oder Schachteln, die Sie an die Innenseite der Türen schrauben können. Hier lassen sich Kleinteile sehr übersichtlich aufbewahren. Sie können aber auch die Innenflächen von Türen als dezent versteckte Pinnwand nutzen. Nach kurzer Gewöhnungszeit weiß jeder, hinter welcher Tür sich der S-Bahn-Fahrplan oder die Deutschlandkarte verbergen.

Die Karte an der Decke Fahrpläne können Sie aber auch noch anders unterbringen: Lernen Sie von S- und U-Bahn. Dort hat es sich eingebürgert, den großen Plan des Verkehrsnetzes an die Decke zu hängen. Die kleine Verrenkung des Kopfes ist im bewegungsarmen Joballtag sogar noch eine willkommene Gymnastik. Wenn Sie in Ihrem Beruf häufig einen Übersichtsplan oder eine Weltkarte benötigen – denken Sie also »ganz hoch«. Mit den Poster-Strips von Tesa lassen sich auch große Karten sicher und ohne Beschädigungen an der Decke anbringen.

Unter Regalen Die meisten Regalsysteme haben eine etwa 6 Zentimeter hohe Sockelleiste. Wenn Sie dieses Brett entfernen, lassen sich  dort ohne Probleme Verbrauchsmaterialien wie Kopierpapier oder Faxrollen verstauen.

Der Raum vor Ihrem Büro Zeigen Sie sich großzügig, und stellen Sie selten benutzte Nachschlagewerke, Zeitschriften oder Ähnliches der Allgemeinheit zur Verfügung, indem Sie sie auf einem schmalen Tisch oder einem Regal vor Ihrem Zimmer lagern. Auf diese Weise sparen Sie Platz in Ihrem Büro und tun gleichzeitig noch Ihren Kollegen einen Gefallen.

Die Krankmacher im Büro entlarven

Jeder fünfte Büroarbeiter leidet unter seiner Arbeitsumgebung. Chronische Müdigkeit, Kopfschmerzen, Atembeschwerden und Augenreizungen sind dabei die häufigsten Symptome. Leiden Sie auch unter einem dieser Symptome? Dann sollten Sie nach Krankmachern in Ihrem Büro suchen und diese eliminieren.

Raumtemperatur Legen Sie bei Arbeitsbeginn ein Thermometer auf Ihre Schreibtischplatte. Wenn es kälter ist als 19 Grad und wärmer als 23 Grad, bedeutet das auf Dauer eine körperliche Beeinträchtigung. Lassen sich die Fenster öffnen? Gibt es eine Heizung mit bedienbarem Thermostat? Dann sorgen Sie selbst für die ideale Arbeitstemperatur von 20 bis 22 Grad.

Drucker Laserdrucker sind zwar leise und bieten eine exzellente Druckqualität, stoßen aber oft Ozon aus (erkennbar an einem stechend-süßlichen Geruch), das Kopfschmerzen verursachen kann. Sorgen Sie dafür, dass Laserdrucker am besten in einem separaten, »unbemannten« Raum stehen oder in der Nähe eines Fensters, das sich öffnen lässt. Ein Tintenstrahldrucker ist emissionsfrei, kann mit

 seinem zirpenden Arbeits-
geräusch aber ganz schön an
den Nerven zerren. Noch
krasser ist der Geräuschpe-
gel bei Nadeldruckern. Da-
her lautet das Motto beim Thema Drucker: Je
weiter weg, umso besser. Sehen Sie es als Fit-
ness-Training an, wenn Sie ab und zu einen
kleinen Gang zum Drucker machen müssen.

Bildschirmposition Unter Gesundheitsaspek-
ten ist es am besten, wenn Ihr Monitor seitlich
zu einem Fenster steht. Haben Sie das Fenster
hingegen im Rücken, gibt es lästige Spiege-
lungen auf dem Bildschirm. Blicken Sie am
Monitor vorbei direkt auf ein Fenster, kann
der Kontrast wiederum Augen- und Kopfschmerzen verursachen. Sie sollten sich zudem angewöhnen, nicht ununterbrochen auf
den Bildschirm zu starren – schlechte Maschi-
nenschreiber, die beim Tippen auf die Tasten
gucken müssen, sind dabei gesundheitlich gesehen im Vorteil.

Kabel Wilder Kabelsalat hinter oder unter Ihrem Schreibtisch ist nicht nur unschön, son-

dern kann auch ungesunde elektromagnetische Felder aufbauen. Entwirren Sie (bei abgeschalteten Geräten) deshalb alle Kabel und fassen Sie sie mit Kabelbindern (aus dem Baumarkt) zu sinnvollen Strängen zusammen. Zu lange Kabel sollten Sie aufwickeln. Auf diese Weise können Sie die elektromagnetischen Felder minimieren.

Arbeitsplatte Glänzend weiße oder schwarze Tischplatten sind wegen der extremen Farbgebung unterbewusst nervend. Wenn Ihr Schreibtisch so aussieht, verschaffen Sie sich mit einer unscheinbaren, mattgrauen Unterlage Erleichterung. Doppelt abzulehnen sind beschreibbare Unterlagen aus weißem Papier: Abgesehen von der ungünstigen Farbe verführen sie zum Herumkritzeln und machen so Ihre unmittelbare Sichtumgebung unruhig.

So organisieren Sie sich selbst

Mangelnde Selbstorganisation, Ablenkung durch Kollegen oder durch fehlende Selbstdisziplin – es gibt viele Faktoren, die einen geregelten Arbeitsablauf stören oder verhindern können. Ein effizientes Selbstmanagement und eine gute Arbeitsorganisation sind unerlässlich, um nicht im Chaos zu versinken – und das Gute ist: Sie sind erlernbar. In diesem Kapitel zeigen wir Ihnen, wie Sie sich selbst managen.

In fünf Schritten Arbeitsabläufe meistern

Überlastet? Überfordert? Zu viel zu tun? Dann ist es um so wichtiger, das Richtige zu tun! Auch Sie können ein Meister oder eine Meisterin in der Kunst des gelassenen und kontrollierten Arbeitens werden. Das ist die gute Botschaft von David Allen, der eine fünfstufige Methode zur Steuerung von Arbeitsabläufen entwickelt hat. Unzufriedenheit entsteht durch typische Schwachstellen auf einer dieser fünf Stufen. Ihre eigenen Schwachstellen können Sie beim Durchlesen dieses Fünf-Stufen-Programms aufspüren – und mit Hilfe unserer Tipps kitten.

1. Erfassen Stellen Sie sich vor: Alles, was Sie tun und erledigen müssen, landet in einem Eingangskorb. Haben Sie diesen Korb leer gearbeitet, ist alles erledigt. Damit Sie nichts Wichtiges vergessen, kommt es darauf an, dass Sie alles 100-prozentig erfassen, also nichts »neben den Korb« legen. In der Realität haben Sie stets mehr als einen zentralen Eingangskorb: Arbeitsaufträge kommen per E-Mail, jemand erteilt Ihnen mündlich eine Anweisung, die Sie auf einen Zettel schreiben, und Sie versuchen sicher auch, sich einzelne »To-dos« auswendig zu merken.

Der häufigste Fehler: Viele Menschen versuchen, das Erfasste zu »organisieren«. Sie wollen schon jetzt Wichtiges von Unwichtigem trennen und eröffnen mehrere Eingangskörbe, zum Beispiel eine Schublade, in der »nicht ganz so Wichtiges« verschwindet (meistens für immer).

Worauf es ankommt: Treffen Sie die Entscheidung erst in einem zweiten Schritt. Halten Sie die Zahl der Behälter klein: ein großer Eingangskorb; eine Pinnwand, an die alle Aufträge kommen; eine Kiste, in der alle zu reparierenden Gegenstände landen; ein Ordner in Ihrem E-Mail-Programm, in den Sie alle zu erledigenden Mails schieben. Dabei gilt immer das Motto: Kein Arbeitsauftrag ohne schriftliche Fixierung!

2. Durcharbeiten »Kann ich etwas unternehmen?«, ist die Frage, die Sie nun jedem Stück in Ihrem Eingangskorb stellen. Lautet die Antwort »Nein«, können Sie es wegwerfen. Lautet die Antwort »Ja«, müssen Sie entscheiden, ob Sie es selbst machen oder delegieren. Bei der Entscheidung für »selbst machen« geht es wiederum um die Frage nach »sofort« oder »später«.

Faustregel: Alles, was in weniger als zwei Minuten zu schaffen ist, sollten Sie sofort erledigen.

Der häufigste Fehler: Sie verzweifeln angesichts der riesigen Menge von Aufgaben. Sie sehen auf einen Blick, dass Ihr Korb genug 2-Minuten-Aufgaben für einen kompletten Arbeitstag enthält.

Worauf es ankommt: Setzen Sie Prioritäten, und zwar nicht, indem Sie Unwichtiges aussortieren, sondern indem Sie Wichtiges ganz nach vorne stellen. Nehmen Sie sich eine große Aufgabe vor (am besten eine unangenehme, die Sie schon lange vor sich herschieben). Damit sorgen Sie dem Frust vor, sich einen ganzen Tag lang nur mit Kleinkram befasst zu haben.

3. Ordnen Um Dinge zu erledigen ist weniger Kraft nötig, als die meisten Menschen meinen. Aber es kostet enorm viel Energie zu beschließen, was zu tun ist. Deswegen ist die Frage der Anordnung (was zuerst?) vor dem »eigentlichen« Arbeiten so wichtig – und so anstrengend.

Der häufigste Fehler: Aufgaben, die mehrere Schritte erfordern, landen wieder im Eingangskorb, damit sie nicht vergessen werden. Dadurch wird dieser Korb noch voller.

Worauf es ankommt: Machen Sie stattdessen aus allen Aufgaben, die mehr als einen Schritt erfordern, ein »Projekt«. Erfassen Sie dann jedes Projekt in einer speziellen Projektliste oder in einem anderen System, etwa einem Arrangement von mehreren Körben.

4. Durchsehen Sie haben nun Ihre Aufgaben in so kleine Schritte zerlegt, dass jeder einzelne in einer überschaubaren Zeit (an einem Vor- oder Nachmittag) erledigt werden kann.

Der häufigste Fehler: Sie sind froh, dass Sie alles so schön organisiert haben – und vergessen eine komplette Aufgabe vollkommen.

Worauf es ankommt: Behalten Sie Ihre Projektkörbe oder -listen ständig im Blick. Folgen Sie dabei der Faustregel, einmal wöchentlich alle durchzugehen. Wenn das erst einmal zu einer festen Angewohnheit geworden ist, werden Sie innerlich viel freier werden – denn Sie werden das dumpfe Gefühl los, »alles im Kopf haben zu müssen«.

5. Durchführen Endlich geht es an die Arbeit!

Der häufigste Fehler: Sie haben viele Punkte auf Ihrer täglichen To-do-Liste, die Sie immer wieder auf den nächsten Tag verschieben.

Worauf es ankommt: Engen Sie von Verschiebung bedrohte Aufgaben noch stärker terminlich ein. Notieren Sie auf Ihrer To-do-Liste also nicht »Dr. Böse anrufen« – das wird, wenn es unangenehm ist, gern verdrängt. Schreiben Sie besser »9.30 Uhr: Dr. Böse anrufen«. Verankern Sie auch die einzelnen Schritte Ihrer großen Projekte mit festen Terminen, wenn Sie anfällig sind für Aufschieberitis: »8.00 –10.00 Uhr: 150 Zeilen des großen Romans schreiben.« Nicht lachen – selbst große Schriftsteller haben so gearbeitet, und zwar ausgesprochen erfolgreich.

Mit Ablenkungen fertig werden

Tun Sie *eine* Sache, nicht zwei oder mehr. Das ist und bleibt das simplify-Grundgesetz – zumindest theoretisch. In der Praxis kommt immer wieder etwas dazwischen. Je unangeneh-

Quassel-
Strippe
Glühohr

mer die zu erledigende Aufgabe ist, desto leichter werden
Sie abgelenkt. Hier das simplify-Programm dagegen
– übrigens auch hilfreich
für ständig abschweifende Schüler bei den
Hausaufgaben.

Wenn Sie gerade einer wichtigen, aber unge-
liebten oder unangenehmen Tätigkeit nachge-
hen, erscheinen Ihnen häufig andere Arbeiten
als dringender und unaufschiebbar – und Sie
wechseln zu ihnen. Um das zu verhindern,
müssen Sie die vermeintlichen anderen Prioritäten als Verkleidungen Ihrer eigenen Unlust
erkennen. Nennen Sie Ablenkungen beim Namen, und sagen Sie beispielsweise laut zu sich:
»Ich lasse mich jetzt nicht ablenken.« Auch anderen Menschen, die Sie unterbrechen, sollten
Sie so begegnen: »Bitte lenken Sie mich jetzt
nicht ab, ich bin an etwas ganz Wichtigem
dran. Später bin ich für Sie da.«

Andere Ablenker kommen nicht von außen,
sondern aus Ihnen selbst: Schnell mal einen
Kaffee holen, jemanden anrufen, eine kleine
Partie am Computer spielen oder im Internet
surfen. Auch hier hilft der Trick mit dem Be-

nennen: Geben Sie Ihren Lieblingszerstreuungen einen lustigen Namen und stellen Sie sich diese Ablenkungen als ulkige Gnome vor. Dadurch lernen Sie es, über Ihre eigenen Schwächen zu lachen, zum Beispiel über den zittrigen, koffeinsüchtigen Bohnenbrüher, die dauerquasselnde Vieltelefoniererin Frau Glühohr oder das nervös vor sich hin klickende Online-Hündchen Surf-Süchti. Stellen Sie ein Symbol Ihrer bevorzugten Ablenkung auf und »besiegen« Sie es mit einem witzigen Ritual, indem Sie es in die Schublade sperren, umkippen, unter den Monitor klemmen oder Ähnliches.

Manchmal wird Ihnen die Versuchung riesengroß erscheinen, und Sie selbst kommen sich dagegen ganz klein vor. Aber betrachten Sie das Phänomen »Entscheidung« realistisch: Der Beschluss, sich ablenken zu lassen oder nicht, fällt innerhalb einer Viertelminute. Wenn Sie 15 Sekunden standhaft bleiben, haben Sie es geschafft! Außerdem gilt: Je öfter Sie den Plagegeist besiegen, desto schwächer wird er.

Machen Sie es vor allem dem kleinen Ablenker nicht zu leicht. Ihr Arbeitsplatz und Ihr Kopf sind voll von Ablenkungen und anderen Arbeiten. Sie sollten daher vor einer wichtigen Arbeit alle anderen zu erledigenden Dinge aus Ihrem Blickfeld räumen und für eine freie Arbeitsfläche sorgen. Stehen Sie auf, atmen Sie tief, lockern Sie Arme und Schultern, und schlagen Sie innerlich ein neues Kapitel auf. Häufig hilft ein Ortswechsel, denn an einem zweiten Schreibtisch, außer Reichweite von den normalen Ablenkungen, arbeitet es sich leichter.

Den Job als Auslöffler(in) kündigen

Wenn sich auf dem Schreibtisch trotzdem immer wieder Stapel bilden, liegt es oft schlicht am Zeitmangel. Ein überfüllter Kalender ergibt einen überfüllten Arbeitstisch. Der entsteht besonders häufig bei gutmütigen, besonders engagierten Menschen, die Verantwortung wahrnehmen, sich kümmern und die sich angesprochen fühlen, wenn Not am Mann ist. Wenn an einen Termin gedacht werden muss, wenn eine Aufgabe nicht vollständig erledigt ist – sie löffeln das schon aus. Die anderen Menschen können sich ganz auf sie verlassen, egal ob im Beruf oder zu Hause. Das kann eine gro-ße Befriedigung sein. Es kann aber auch, wenn es nicht in Grenzen gehalten wird, müde, mürbe und abge-spannt machen. Wenn Sie zur Kategorie des Auslöfflers gehören, sind hier ein paar Anregungen, wie Sie das ändern können. Beherzigen Sie folgendes Motto: Tun Sie nie wieder etwas, nur weil es für andere bequemer ist!

Geben Sie die Aufgabe des »Kümmerers« ab. Prüfen Sie kritisch: Was tue ich privat und beruflich, nur weil es für andere nett ist? Welche Dinge, die mir eigentlich überhaupt nichts bringen, tue ich aus reiner Gewohnheit? Kollegen, Partner und Kinder sollten selbst dafür geradestehen, Verpflichtungen und Termine einzuhalten. Je früher Sie Verantwortung übertragen, umso eher sind Sie die Auslöffler-Rolle los.

Die anderen werden maulen, jammern, protestieren oder sogar drohen. Ertragen Sie diesen Aufstand und nehmen Sie diese Reaktionen als ein sicheres Zeichen dafür, dass die Situation bisher offensichtlich unausgeglichen war. Gestehen Sie sich und anderen ruhig ein, dass es Ihnen manchmal auch gut getan hat, gebraucht zu werden. Aber nun sind Sie erschöpft. Sie können ja augenzwinkernd sagen, dass Sie das schöne Gefühl des Gebrauchtwerdens auch einmal anderen überlassen möchten …

Dann müssen Sie aber auch dabei bleiben. Lassen Sie sich nicht wieder überreden! Entlasten Sie sich, indem Sie Ihre Tätigkeiten kritisch durchleuchten: Sagen Sie Nein zu Aufgaben, die nicht die Ihren sind. Vermutlich haben Sie schon lange solche Tätigkeiten übernommen, die andere nur aus Bequemlichkeit mit

einem vermeintlichen Lob auf Sie abgeschoben haben: »Sie können das viel besser als ich« – »Ihre Protokolle sind die besten« – »Sie haben das immer so gut gemacht«.

Schalten Sie um auf »gesunden Egoismus« und beenden Sie Engagements, die Ihnen keine Freude bringen. Die Zeit- und Lustfalle lauert vor allem bei ehrenamtlichen

Tätigkeiten, denn hier stehen oft wenige Aktive einer Masse von Mitläufern und Besserwissern gegenüber. Wenn Sie zu den Aktiven gehören, dann sorgen Sie dafür, dass nicht alle Aufgaben und Nachteile an Ihnen hängen bleiben. Lehnen Sie die nächsten drei Sitzungen lang konsequent alle Aufgaben ab und beobachten Sie die Auswirkungen: Wenn sich niemand findet, der für Sie einspringt, deutet das auf mangelhafte Strukturen hin – denn was ist das für eine Organisation, die nicht einmal den Ausfall einer einzelnen Person über drei Perioden verkraften kann? In diesem Fall können Sie Ihr Amt getrost zur Verfügung stellen.

Zur eigenen Marke werden

Wir leben in einer Massengesellschaft mit Massenarbeitslosigkeit. Was kann da noch Sicherheit bieten? Dass Sie nicht zur Masse gehören! Lernen Sie von den großen Konsummarken und werden Sie selbst eine unverwechselbare Persönlichkeit. Wenn Sie auf Qualität setzen, sorgen Sie dafür, dass Ihre Qualitäten auch wahrgenommen werden. Wir zeigen Ihnen, wie das geht:

Verstecken Sie sich nicht Machen Sie sich persönlich und Ihre Leistungen klar identifizierbar. Bei Kosmetikartikeln von Nivea ist es selbstverständlich, dass jede Schachtel, jeder Deckel und jeder Einlegezettel den berühmten weiß-blauen Schriftzug tragen. Das gleiche Prinzip können Sie für sich anwenden, indem Sie zum Beispiel alle Schriftstücke, die Sie verfassen, mit Ihrem Namen versehen. Wenn das in Ihrem Betrieb nicht üblich ist, sorgen Sie mit anderen Mitteln dafür, dass Sie erkennbar sind – etwa indem Sie Ihre Texte stets mit einer kleinen Illustration versehen (ein paar tausend Bilder für diesen Zweck gibt es auf mehreren CD-ROMs mit simplify-Zeichnungen).

Haben Sie keine Scheu, hervorragend (auf lateinisch: prominent) zu sein und die Öffentlichkeit innerhalb und außerhalb Ihres Betriebs zu suchen. Wenn Sie etwas zu sagen haben, sollten Sie aktiv werden. Werden Sie zum

Überbringer einer guten Nachricht. Obwohl Coca-Cola die bekannteste Marke der Welt ist, macht man dort weiter viel Werbung und intensive Pressearbeit – damit sie auch bekannt bleibt. Das könnte in Bezug auf Sie zum Beispiel so aussehen: Wenn Ihre Firma ein gutes Ergebnis erbracht hat oder eine soziale Aktion plant, melden Sie das Ihrer lokalen Zeitung und stellen Sie sich als Ansprechpartner für die Journalisten zur Verfügung.

Sie machen einen weiteren Schritt in Richtung eigener Marke, wenn Sie Ihrer Arbeit einen guten Namen geben. Produzieren Sie und vermarkten Sie nicht pauschal, sondern bieten Sie spezifische Problemlösungen – so wie Porsche nicht einfach Autos baut, sondern »Sportwagen«, und Kärnten nicht einfach ein Bundesland ist, sondern »der sonnige Süden Österreichs«. Ändern Sie zum Beispiel das Schild »Vertrieb« an Ihrer Tür in »Abteilung Kundenzufriedenheit«.

Entdecken Sie Ihren Mehrwert Jede erfolgreiche Marke besitzt einen Mehrwert. So verkauft

Europas größter Reiseanbieter TUI nicht einfach Flüge und Hotelzimmer, sondern »die schönsten Wochen des Jahres«. Entdecken und verkaufen auch Sie den zusätzlichen Nutzen, der entsteht, wenn Arbeit von Ihnen getan wird: hohe Qualität, schnellste Lieferung, bester Service, lange Garantie, sofortiges Umtauschrecht, Wohlbefinden, Zufriedenheit. Das können auch persönliche Fähigkeiten sein wie starkes Engagement, Begeisterung, Humor, Motivation, Erfahrung oder besondere Qualifikationen, mit denen Sie die Aufgaben in Ihrem Arbeitsgebiet entscheidend voranbringen.

Passen Sie sich nicht äußerlich an, nur um die vermeintliche Gefahr des Aneckens zu vermeiden. Im Gegenteil, Sie sollten ruhig eine Marotte kultivieren, die Sie unverwechselbar macht, so wie die Milkakuh immer lila ist. Tragen Sie Fliege statt Krawatte, oder werden Sie berühmt für Ihre bunten Westen, Ihre Turnschuhe zum Anzug oder Ihr goldenes Handy.

Wichtig ist, dass Sie sich immer auf Ihre

Stärken konzentrieren: »Ein Markenartikler sollte wissen, wovon er die Finger lässt.« Mercedes-Benz hat das bei seinem Engagement im Flugzeugbau schmerzhaft lernen müssen. Gleiches gilt deshalb auch für Ihre Markenbildung: Vermeiden Sie, was Sie nicht können.

Dazu gehört ebenfalls, auch nach Tiefpunkten und Rückschlägen selbstbewusst wie ein Markenartikel aufzutreten. Beschreiben Sie sich stets positiv. So sollten Sie sich beispielsweise nicht »arbeitslose Hausfrau und Mutter« nennen, sondern »Sekretärin nach abgeschlossener Familienphase«.

Stellen Sie Ihren Wert nicht infrage Scheuen Sie sich nicht, Ihre Leistungen und die Stärken Ihrer Arbeit und Produkte deutlich zu benennen. Denken und sprechen Sie nicht in der Kategorie des Seins, sondern des Tuns. Anstatt zu sagen »Ich bin Vertriebsleiter«, sollten Sie es vielmehr so formulieren: »Ich verkaufe 10 000 Bürostühle im Jahr, die gesundes Sitzen fördern.« Markenprodukte in einer Parfümerie erhalten Sie – von vereinzelten Sonderaktionen einmal abgesehen – niemals preiswerter. Wäre dies der Fall, käme sofort Verdacht auf: »Die haben es jetzt wohl nötig.« Stattdessen jedoch erhalten Sie dort oft Warenproben oder andere Zugaben. So werden Wert und Image der gekauften Marke weder für den Hersteller noch für die Verkäufer und Kunden infrage gestellt. Deshalb gilt auch für Sie: Verkaufen Sie Ihre Arbeit oder Ihre Produkte nicht unter Wert, sondern besinnen Sie sich auf die Qualität und die Eigenschaften, die nur Sie allein liefern. Aber machen Sie ab und zu eine Zugabe.

So finden Sie Ihren Rhythmus im Arbeitsalltag

Um Ihre Arbeit mit Freude und Erfolg zu meistern, ist nicht nur eine gutes Selbstmanagement und eine effektive Organisation Ihres Arbeitsplatzes nötig – Sie müssen auch den richtigen persönlichen Arbeitsrhythmus finden. Dazu gehört das Akzeptieren und Integrieren von Schwächen und Blockaden genauso wie regelmäßige Pausen und kleine Fitnessübungen im Büro. Doch zunächst zu dem Problem, mit dem wohl jeder von uns schon einmal zu kämpfen hatte: dem Aufschieben von unangenehmen Aufgaben.

Mit Aufschieberitis leben

Der Terminkalender ist überfüllt, in der Post häufen sich die Mahnungen – wenn dieser Zustand über mehrere Wochen und selbst in eher ruhigen Zeiten anhält, könnte ein tiefer sitzendes Problem dahinter stecken: Aufschieberitis, und zwar in der chronischen Form. Mit den folgenden Schritten können Sie den tieferen Grund Ihres Planungsproblems ergründen – und lernen, damit zu leben.

Aufschieben – Kennzeichen von Qualität

Wenn Sie ein Aufschieber sind, gehören Sie in der Regel zu den guten, erfolgreichen Arbeitern. Sie liefern zum Teil sogar überragende Qualität. Das wissen Sie und auch die anderen. Die Erwartungen an Sie sind hoch, und dementsprechend stehen Sie unter Druck. In den Tiefen Ihrer Seele aber haben Sie Angst vorm Scheitern. Sie fürchten, die hohen Ansprüche zu enttäuschen und steigern Ihre Anstrengungen ins Maßlose. Das will Ihr Unterbewusstsein verhindern, weil es um Ihren Leib und Ihr Leben besorgt ist. Es verleitet Sie daher dazu, sich mit anderen, unwichtigen Dingen zu befassen – und geht dabei ausgesprochen raffiniert vor: »Du bist super, du schaffst das doch alles in Rekordzeit, gönn dir vorher ein bisschen Muße!«, flüstert Ihr Unterbewusstsein Ihrem Bewusstsein ins Ohr. Das wiederum lässt sich gern zu ein wenig mehr Schlendrian überreden.

Aufschieben – Notbremse der Seele Damit erreicht Ihr Unterbewusstsein sein Ziel: Sie gönnen sich tatsächlich Ruhe. Viele bezeichnen diese Art von Unbewusstem als »inneren Schweinehund«: jener Teil von Ihnen, der lieber alle Viere von sich streckt wie ein gemütlich herumliegender Hund. Die manchmal lebensrettende und wichtige Bremswirkung Ihres Unterbewusstseins wird vom Bewusstsein aber meist als störend empfunden. Es ist deshalb nicht leicht, die Balance zwischen nützlichem Pausieren und gefährlicher Verweigerung zu finden.

Diese schützende, unbewusste Bremsaktion hat jedoch auch eine gewaltige zerstörerische Kraft: Sie verschieben die Aktion, gleiten ab in Trödelei und Resignation. Sie beginnen bereits zu scheitern, verfehlen Ihre Ziele und stürzen sich selbst vom Thron.

Aufschieberitis ist jedoch nicht gleich Faulheit, denn Faule sind mit wenig zufrieden.

Aufschieberitis ist die Krankheit der Fleißigen, denen das Erreichte nicht genügt. Ihr wahrer Feind ist ihre Angst, vor sich selbst oder anderen schlecht auszusehen. Wenn Sie auch unter Aufschieberitis leiden, heißt deshalb die Lösung: Akzeptieren Sie Ihre Probleme, ohne sich zu schämen oder zu verdammen. Das gibt Ihnen Kraft, etwas auszuprobieren, das Hilfe verspricht. Hier die effizientesten Ratschläge, die Ihnen dabei helfen, die Aufschieberitis in Ihren Arbeitsalltag zu integrieren:

Vielstop statt Nonstop *Der Fehler:* Sie arbeiten überlange Arbeitseinheiten ohne Pausen. *Besser:* Zwingen Sie sich zu regelmäßigen Unterbrechungen, in denen Sie aufstehen, den Raum verlassen oder zumindest ans Fenster gehen und den Himmel betrachten.

Entschleunigung statt Hektik *Der Fehler:* Sie konzentrieren sich sehr auf das Ergebnis, vernachlässigen aber die Genauigkeit bei der Durchführung. *Besser:* Bemühen Sie sich, auch Details zu lieben. Müssen Sie etwas von Hand ausfüllen, schreiben Sie deutlich und nicht zu schnell. »Langsames« Arbeiten kann unterm Strich Ihre Effizienz enorm erhöhen, weil es Ihnen das Gefühl nimmt, gehetzt und fremdbestimmt zu sein.

Kontakt statt Routine *Der Fehler:* Sie schweifen ab zu Routineaufgaben mit geringerer Priorität, weil sie ein schnelleres Ergebnis versprechen. Arbeiten, bei denen Sie von anderen bewertet werden (Rede schreiben, Projektplan erstellen), stehen besonders in der Gefahr, aufgeschoben zu werden. Zugleich sind dies aber die Tätigkeiten, die für Ihren Erfolg besonders wichtig sind. *Besser:* Nehmen Sie persönlich oder per Telefon Kontakt mit demjenigen auf, der Ihre Arbeit beurteilen wird. Sobald eine menschliche Verbindung besteht, wird es Ihnen leichter fallen, sich wieder der aufgeschobenen Aufgabe zu widmen. Teilen Sie anderen Ihre Probleme mit. Aufschieber sind oft in einem »Teufelskreis der Scham« gefangen: Sie trauen sich nicht mehr zuzugeben, wie sehr sie hinter ihrem Zeitplan zurückliegen, und verbauen sich dadurch die Chance, dass ihnen jemand hilft.

Jetzt statt »dann, wenn« *Der Fehler:* Sie haben unrealistische Ansichten über die Voraussetzungen Ihrer Arbeit. Sie meinen, besonders motiviert oder inspiriert sein zu müssen. *Besser:* Warten Sie nicht auf die optimalen Voraussetzungen, sondern beginnen Sie jetzt. Setzen Sie sich erreichbare, aber klare Fristen, zum Beispiel: »In der nächsten Stunde erledige ich die drei unangenehmsten Anrufe.«

Nicht schätzen, sondern messen Um Ihre täglichen Aufgaben besser planen und in Angriff nehmen zu können, ist es wichtig, dass Sie lernen, Ihre Zeit realistisch einzuschätzen. Messen Sie mit der Uhr, wie viele Stunden und Minuten Sie für typische Arbeiten brauchen – und zwar ehrlich und über einen längeren Zeitraum, nicht nur unter optimalen Bedingungen. Ein Ingenieur benötigt beispielsweise im Schnitt 60 Minuten, um eine Seite Gebrauchsanweisung zu verfassen. Wenn er sehr gut drauf ist, geht es auch in 15 Minuten. Aber er sollte der Versuchung widerstehen, das Minimum als Norm anzusetzen!

Zerlegen Sie größere Aufgaben in über-
sichtliche Einheiten von höchstens einem Tag
Länge. Vereinbaren Sie zum Beispiel mit Ihrem
Kunden, dass er bestimmte Zwischenstadien
vorab zu sehen bekommt. Damit bringen Sie
sich selbst in Zugzwang, können aber die Tätigkeiten besser planen und einschätzen und schlagen der Aufschieberitis so ein Schnippchen.

Probieren Sie es wenigstens ein einziges Mal
aus: Erledigen Sie eine Aufgabe viele Tage früher, als Sie es eigentlich müssten. Vielleicht
finden Sie Gefallen an dem neuen Gefühl,
etwas weit vor dem Termin geschafft zu haben. Heben Sie die erledigte Arbeit auf, und
geben Sie sie pünktlich zum vereinbarten Termin ab. Sie werden die kraftvolle Ruhe genießen, die von dieser Tat ausgeht!

**Erleichtern Sie sich heute den morgigen
Tag** Räumen Sie Ihren Schreibtisch am Ende
jedes Tages auf: Werfen Sie Erledigtes weg oder
legen es ab (in der Hängeregistratur, in Ord-
nern oder in eindeutig beschrifteten
Stehsammlern und Mappen). Genießen Sie das damit verbunde-
ne Gefühl: Jedes Schriftstück,

das seine endgültige Position erreicht hat, steht für etwas, das Sie geschafft haben.

Wählen Sie dann das wichtigste Projekt des nächsten Tages aus, suchen Sie alle benötigten Unterlagen zusammen, und legen Sie diese in die Mitte Ihrer Arbeitsfläche. So schaffen Sie sich einen guten und sinnvollen Start für den neuen Tag.

E-Mails im Arbeitsalltag

Innerhalb weniger Jahre hat sich die Korrespondenz sowohl in den Firmen als auch in den meisten Privathaushalten grundlegend verändert: Elektronik statt Papier, sofort statt morgen. Manches ist einfacher, vieles aber auch nerviger geworden. Auf der Liste der Gute-Laune-Killer am Arbeitsplatz steht E-Mail inzwischen sehr weit oben. Hier einige Tipps, wie Sie die E-Mail-Kommunikation richtig und produktiv in Ihren Joballtag integrieren können.

Werbe-Mails abstellen Als Erstes müssen Sie unerwünschte Werbung, so genannte »Spam«, zuverlässig loswerden, denn sie macht heute beinahe 80 Prozent aller eingehenden E-Mails aus. Vielleicht bietet Ihr Internet-Provider oder Ihr Mailprogramm bereits einen Spam-Filter an. Auch in die neueste Version von Micro- soft Outlook ist einer inte- griert. Damit werden alle Massen-E-Mails vorab aus- sortiert, die bestimmte typische Stichwörter enthalten (zum Beispiel »cheap viagra« oder »sexually-explicit«). Allerdings lassen sich die Versender ständig neue Tricks einfallen, um solche Filter zu umgehen.

Zuverlässiger ist die Listen-Methode: Spam-Absender werden zentral erfasst. Das größte und zuverlässigste Programm dieser Art mit den besten Testnoten ist SpamNet, lei- der aber derzeit nur in Englisch erhältlich. Es kostet pro Jahr knapp 40 US-Dollar. 30 Tage lang können Sie es gratis ausprobieren (Download unter www.spamnet.com). Jede eingehende Mail wird mit einer zentralen »schwarzen Liste« verglichen. Rutscht doch noch etwas durch, markieren Sie es und kli- cken auf den Knopf »Block«, den SpamNet in

Ihrem Outlook eingerichtet hat. Damit wird auch diese Mail in den Spam-Ordner verschoben und der Absender zur Aufnahme in die zentrale schwarze Liste vorgemerkt. Mit einem Klick auf »Unblock« können Sie bestimmte Werbe-Mails für sich freischalten. Völlig kostenlos, wenn auch nicht ganz so elegant ist das Programm von *www.spamresearchcenter.com.*

Lassen Sie Roboter arbeiten Outlook und Outlook Express können eingehende Mails automatisch in passende Ordner sortieren, weiterleiten, löschen oder sogar mit einem von Ihnen bestimmten Text beantworten. Diesen Service sollten Sie unbedingt einrichten: Unter *Extras / Nachrichtenregeln / E-Mail* finden Sie einen gut verständlichen Assistenten, der Ihnen beim Komponieren der Regeln hilft.

Erziehen Sie Ihre Mail-Absender Die Automatismen von Outlook oder ähnlichen Programmen lassen sich besonders elegant nutzen, wenn Sie die Verfasser der Mails bitten,

die Betreffzeile ihrer Elektropost mit Code-
wörtern zu versehen. Bitten Sie Ihre Freunde
und Verwandte, bei allen Mails an Sie das Wort
»privat« in die Betreffzeile zu schreiben. Eine
entsprechende Nachrichtenregel
legt diese Mails dann in einen
Privat-Ordner. Setzen alle Mitarbeiter am »Projekt Solarener-
gie« diesen Begriff in die Betreffzeile, sammeln sich die wichtigen Mails dazu in Ihrem
Projektordner.

Begrenzen Sie Ihre Impulsivität Wenn Sie jede eingehende Mail sofort lesen und beantworten, wird Ihr Tagesablauf zerhackt und
fremdbestimmt. Machen Sie es wie mit der
Briefpost: Richten Sie sich einen Termin am
Vormittag und einen am Nachmittag ein, an
dem Sie in Ihren E-Mail-Briefkasten schauen.
Gewöhnen Sie Ihren Kollegen und Kunden ab,
Antworten innerhalb einer halben Stunde zu
erwarten. Stel-
len Sie daher
unbedingt die automatische
»Post ist da«-Melodie aus, die auf den
meisten PCs installiert ist. Entfernen Sie dazu

den Haken im Menüfeld *Extras / Optionen / Allgemein / Sound beim Nachrichteneingang abspielen* (Achtung: danach nicht gleich *OK*, sondern zuerst *Übernehmen* klicken, erst dann bleibt diese Einstellung erhalten).

E-Mails können warten Das ist nach Ansicht der Leser unseres monatlichen simplify-Newsletters der effizienteste *simplify-Tipp:* Beginnen Sie Ihren Arbeitstag möglichst nicht mit den E-Mails (eine re-agierende Tätigkeit), sondern mit einer aufge-schobenen, meist unan-genehmen größeren Auf-gabe (das heißt, Sie agieren). Packen Sie den Stier bei den Hörnern – ein so genanntes großes »U« (für »Unerledigt« und »Unangenehm«). Wenn Sie das »U« geschafft oder wenigstens endlich ein-mal damit begonnen haben, sind Sie viel zu-friedener als nach dem typischen Kästchen-Ausfüllen von einer Menge Mails. Erledigen Sie Ihre E-Post lieber später – zu Tageszeiten, an denen Ihre Leistung geringer ist und damit gerade richtig für solche eher routinemäßigen Jobs.

Arbeiten Sie sommerlich!

Der eigene Arbeitsrhythmus kann auch durch äußere Faktoren beeinflusst werden. Wenn es beispielsweise draußen wärmer wird und die Natur grünt und blüht, dann wird es bisweilen ganz schön hart, sich im Büro oder an sonst einer Arbeitsstelle auf die Pflichten zu konzentrieren. Wir möchten Ihnen deshalb ein paar Anregungen mit auf den Weg geben, wie Sie auch in der heißen Jahreszeit schwungvoll, effizient und mit Freude arbeiten können.

Geben Sie Widerstände auf! Wenn Sie der Wunsch überkommt, draußen spazieren zu gehen oder sich in die Sonne zu legen – tun Sie's! Wenn irgend möglich, brechen Sie aus, genießen Sie das Leben, tanken Sie Sonnenlicht und Spaß, und kommen Sie entspannt und energiegeladen zurück an den Arbeitsplatz. Sie sollten diese Ausflüge natürlich zeitlich begrenzen, aber im Endeffekt gilt: Wenn Sie nach einer Stunde Freude im Freien drei Stunden motiviert weiter arbeiten, schaffen Sie mehr, als wenn Sie die ganzen vier Stunden genervt im Büro geblieben wären.

Mit ein wenig Phantasie lassen sich auch viele Arbeiten ins Freie verlegen: Schriftstücke durcharbeiten, Berichte schreiben (mit einem Laptop), telefonieren (mit einem Handy oder schnurlosen Telefon), ja sogar Meetings können Sie auf einer Parkbank, in einer Grünanlage oder sonst wo unter freiem Himmel durchführen. Machen Sie Ihren Job portabel!

Oder holen Sie die Natur nach drinnen: Wenn Sie nicht nach draußen können, öffnen Sie das Fenster (wenn es dadurch nicht zu laut wird), arbeiten Sie auf einem Balkon, kleiden Sie sich sommerlich, genehmigen Sie sich ein kühles Getränk. Wenn das nicht geht, dann können Sie mit frischen Blumen einen Hauch Natur auf Ihren Schreibtisch bringen. Belohnen Sie sich alle zwei Stunden mit ein bisschen Luftschnappen im Freien, nach einem arbeitsreichen Vormittag mit einem Spaziergang am Fluss, nach einer anstrengenden Woche vielleicht mit einem verlängerten Wochenende. Wenn jemand anruft, beenden Sie das Gespräch schneller als sonst. Sie können ja sagen, es warte jemand auf Sie – nämlich der Sommer da draußen!

Leben Sie naturnah Sie können im Sommer auch Energie tanken, wenn Sie früher als sonst aufstehen und den Tau auf den Wiesen genießen. Machen Sie auf dem Weg zur Arbeit einen kurzen Abstecher in die Natur. Das alles kostet nichts, bringt aber viel. Sagen Sie sich: »Ich bin reich, weil ich mir diesen Luxus leisten kann!«

Sehen Sie mindestens einmal pro Tag wenigstens fünf Minuten einem Tier zu. Auch inmitten einer Großstadt gibt es Vögel oder Hunde, manchmal Eichhörnchen, Katzen oder sonst jemanden aus der Fauna zu bewundern. Versuchen Sie, dabei Kontakt mit dem natürlichen, einfachen Leben aufzunehmen und etwas von dem jeweiligen Tier zu lernen – dann können Sie sich darüber freuen, wie die Probleme aus Ihrem Beruf dabei für ein paar Momente lächerlich klein werden.

Und noch etwas: Pfeifen Sie auf Konventionen. Ziehen Sie an, was Ihnen gefällt, auch wenn es ein bisschen gegen den Dress-Code verstößt. Sie können den Stift auch mal etwas früher hinlegen und eine Besprechung schwänzen. Stiften Sie Ihre Kollegen ruhig an, mitzumachen.

Fitness im Büro

Bewegungsmangel ist eine moderne Zivilisationskrankheit. Auch wenn viele Menschen sich vornehmen, mehr Sport zu treiben, bleibt es oft nur beim Vorsatz. Dabei können Sie auch ohne aufwändige Joggingprogramme viel für Ihre Beine tun – und das ist wichtig für Ihre Arbeitsfähigkeit. Wenn nämlich die Wadenmuskeln erschlaffen, drücken sie das Blut nicht mehr wie eine Pumpe durch die Beinvenen zurück zum Herzen. Es staut sich, und die Venenklappen, die wie kleine Ventile funktionieren, können nicht mehr richtig schließen.

Man fühlt sich schlapp. Dagegen hilft das folgende simplify-Programm, das Ihre Beine während des Alltags wieder in gesunde Höchstform bringen kann. Die folgenden Tipps können Sie in Ihren täglichen Arbeitsrhythmus integrieren.

Büro-Jogging Unterbrechen Sie den Teufelskreis »Sitzen« und machen Sie sich im Büro auf den Weg: Öffnen Sie jede Stunde fünf Minuten lang das Fenster. Die frische Luft beflügelt Ihr Gehirn, und die Bewegung löst Ihre verkrampfte Muskulatur. Nutzen Sie jeden Gang in die Werkstatt, zum Kopierer oder zum Aktenschrank, um sich zu strecken. Außerdem sollten Sie die effizienteste Kombinationsübung für Ihren Bewegungsapparat und Ihr Herz-Kreislauf-System nutzen: Treppen steigen! Vier Stockwerke hintereinander sind optimal, um Herz- und Rückenmuskeln gleichermaßen in Schwung zu bringen.

Lockernde Sitzgymnastik Die folgenden Übungen können Sie während Ihrer Arbeit ausüben. Sie brauchen sich lediglich bequem

auf den Bürostuhl zu setzen, die Schuhe aus-
zuziehen und jede Übung mindestens sieben
Sekunden lang auszuführen:

- *Kratzfuß:* Die Füße ruhen auf dem Boden.
  Jetzt beide Zehen einkrallen und dann strecken, als ob Sie mit den Zehen den Fußbo-
  den polieren müssten.
- *Zehenpropeller:* Stützen Sie sich mit den
  Händen am Arbeitstisch oder an der Sitzfläche ab. Strecken Sie beide Beine aus, die Fersen schweben über dem Boden, dann lassen
  Sie die Füße in den Gelenken kreisen. Mal
  nach innen, mal nach außen. Wenn die Fuß-
  propeller nach oben zeigen, sollten Sie hinten im Unterschenkel ein deutliches Ziehen
  spüren.
- *Venenpumpe:* Stellen Sie die Füße auf die
  Hacken und drücken Sie die Zehen weit
   nach oben. Dann die
  Zehen abstellen und
  die Fersen so weit
  es geht nach oben
  strecken. Das soll-
  ten Sie möglichst oft
  wiederholen.

Variante:

Lassen Sie Ihre Füße relaxen Modische Schuhe mit hohen Absätzen sind chic, aber nicht gerade gesund. In vielen Berufen allerdings ist ein elegantes Outfit unverzichtbar. Wenn Sie es einrichten können, wechseln Sie während der Arbeitszeit die Schuhe. Richten Sie Ihren Schreibtisch so ein, dass Sie dahinter unbemerkt barfuß oder in Birkenstock-Sandalen sitzen können.

Wer viel am Schreibtisch arbeitet, kennt das Problem: Wohin mit den Beinen, wenn sie anfangen zu schmerzen? Die Beine übereinander zu schlagen ist nicht optimal, weil die Venen in den Kniekehlen dabei abgeklemmt werden. Eine kleine Fußbank schafft wundersame Abhilfe und entlastet Ihre Beine. Wenn Sie in Ihrem Beruf hingegen viel stehen müssen, sollten Sie kleine Pausen grundsätzlich für die Venenpumpe nutzen, um die Durchblutung zu fördern (Übung siehe oben, geht auch im Stehen).

Nach der Arbeit sehnen sich viele Menschen nach einem ruhigen Abend auf der Couch. Genießen Sie diese Zeit, und gönnen Sie Ihren Beinen echte Entspannung: Lagern Sie mit einem untergelegten Kissen die Füße hoch, damit das Blut leichter zurückfließen kann. Wenn die Unterschenkel oder Fußballen schmerzen, können Sie sie mit Obstessig erfrischen oder mit einer Fußsalbe massieren.

Naturvölker wie die Massai in Afrika kennen keine Venenleiden. Ihr Geheimnis: Sie laufen barfuß. Lernen Sie von den Massai: Es gibt mehr Gelegenheiten als Sie denken, bei denen Sie barfuß laufen können: im Park, im Freibad, im Garten oder in der Wohnung. Ziehen Sie öfter die Schuhe aus: das macht Spaß, kostet keine Zeit und ist das beste Heilmittel für Ihre Beine.

So arbeiten Sie optimal mit anderen zusammen

Ihren Arbeitsplatz und sich selbst haben Sie perfekt organisiert – aber was ist mit der zweiten, mindestens genauso wichtigen Hälfte des Arbeitsalltags: der Zusammenarbeit mit anderen? Hier ist Ihre Kommunikationsfähigkeit gefragt. Kommunikation bestimmt heute nahezu alle Bereiche des Jobs. Egal ob Berichte oder E-Mails, Körpersprache oder Worte, der Umgang mit Kollegen oder mit Chefs – überall gilt: Wer richtig kommuniziert, gewinnt. Deswegen möchten wir Ihnen zeigen, was erfolgreiche Zusammenarbeit ausmacht.

Mit dem Körper sprechen

Wenn Sie die Körpersprache anderer Menschen verstehen lernen, wird Ihre Kommuni-

kationsfähigkeit um eine Dimension berei-
chert. Das ist nicht nur nützlich, um versteckte Botschaften von Kunden oder Mitarbeitern
 zu verstehen, son-
dern auch, um selbst
bewusster mit dem
ganzen Körper zu
kommunizieren.
Wenn Sie die wichtigsten Elemente dieser
wortlosen Sprache selbst anwenden können,
haben Sie in Konfliktsituationen einen großen
Vorteil.

Gefühlshand und Vernunfthand Die linke
Hand, verbunden mit der rechten (emotionalen, ganzheitlichen) Hirnhälfte, ist Ihre »Gefühlshand«. Die rechte Hand (mit der linken
rationalen Gehirnhälfte) ist die »Vernunfthand«. Das gilt auch bei Linkshändern. Bei Be-
 grüßungen kann Ihnen
die linke, nicht unmittel-
bar benutzte Gefühlshand
des Gegenübers schon viel
über dessen Gefühle mit-
teilen: Bleibt die Gefühlshand beim Hände-
schütteln unbeteiligt hängen, gibt es noch et-

was Eis, das Sie erst auftauen müssen. Macht Ihr Gegenüber aber mit seiner Gefühlshand eine einladende Bewegung und zeigt Ihnen dabei noch die Handinnenfläche, können Sie sich getrost entspannen.

Alle Bewegungen, bei denen Sie Ihrem Gegenüber die Innenfläche Ihrer Hand zuwenden, sind Gesten des Friedens und der Offenheit. Selbst die Abwehrhaltung mit beiden erhobenen Handflächen signalisiert Klarheit: »Ich sage Nein, aber bitte tu mir nichts!«

Zeigen Sie Ihrem Gegenüber dagegen den Handrücken, wirkt das unbewusst als Ablehnung und Angriff. Der erhobene Zeigefinger mit dem Handrücken zum Gesprächspartner ist eine ausdrucksstarke Drohgebärde. Auch Kombinationen sind möglich: Bei Verhandlungen können Sie mit Ihrer offenen Gefühlshand Gesprächsbereitschaft ausdrücken, während Ihre Vernunfthand vor Ihrer Brust (mit dem Handrücken zum anderen) klar abgrenzt: »Wir können reden, aber nur bis zu einer bestimmten Grenze.«

Faust, »Stachelschwein« und »Katholik« Das beste Zeichen offener oder versteckter Aggres-

sion ist die geballte Faust. Wenn Sie bei einer Verhandlung in freundlichem Ton reden, dabei aber die Fäuste ballen, wird Ihr Gegenüber das Gespräch in schlechter Erinnerung behalten: »Der war aber aggressiv!«

Gefaltete Hände mit gestreckten Fingern (»Stachelschwein«) sind eine Abwehrgeste. Die »katholische« Gebetshaltung (beide

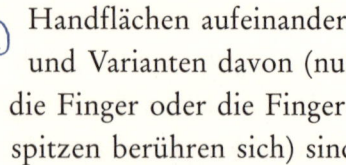

Handflächen aufeinander) und Varianten davon (nur die Finger oder die Fingerspitzen berühren sich) sind dagegen versöhnliche Signale: »Lassen Sie uns unsere Berührungspunkte finden.«

Der Dominanzdaumen Unser dickster Finger, der das Greifen überhaupt erst möglich macht, hat eine starke Signalkraft: Der aufgerichtete Daumen steht für Ich-Stärke. Die typisch italienischen Erzählgesten zum Beispiel enthalten fast immer einen stark nach oben deutenden Daumen und sagen damit: »Ich erzähle eine Geschichte, in der *ich* die Hauptperson bin.« Wenn Sie Probleme haben, sich bei Gesprächen einzubringen und durchzusetzen, dann arbeiten Sie mit Ihrem  nach oben gereckten Daumen und spüren Sie, wie er Ihnen Kraft gibt und Ihren Zuhörern Respekt verschafft. Der Daumen wirkt dabei freundlicher als der mahnend erhobene Zeigefinger, der bei Ihren Zuhörern schnell eine unbewusste Abwehrhaltung hervorruft.

Wenn Sie öffentlich einen Text ablesen, sollten Sie sich angewöhnen, bewusst Handbewegungen dazu zu machen. Ihr Text wirkt dann lebendiger: Die Zuhörer verlieren das Gefühl, Sie würden sich an Ihrem Manuskript »festhalten«, und Sie selbst sprechen automatisch freier. Wenn bei den hier bisher vorgestellten eine »Lieblingsgeste« dabei war,  dann wiederholen Sie sie noch ein paarmal. Üben Sie sie immer wieder, und nehmen Sie sie auf in Ihren »Körperwortschatz«. Körpersprache lässt sich lernen wie ein neues Fremdwort: durch Wiederholen und praktisches Anwenden.

Der Hals Das Zeigen des Halses ist in unserer viele Jahrtausende alten biologischen Geschichte verankert, in zwei sehr unterschiedlichen Varianten: Wenn Sie den Kopf drehen und dabei dem anderen den Halsflügel zeigen, ist das eine Vertrauens- und Demutsgeste: »Ich schaue von dir weg, du könntest mich jetzt beißen, und ich würde mich nicht wehren.«

Heben Sie dagegen den Kopf und zeigen dem anderen die Kehle, ist das eine stark konfrontative Botschaft: »Ich schaue dich an – wenn du mir an die Gurgel willst, bin ich schneller!« Der erhobene Hals eines anderen wirkt – das ist tief in uns verankert – deshalb immer hochnäsig und provokant.

Sitzhaltung: Partner oder Knecht? Setzen Sie sich auf einem Stuhl oder einem Sofa immer so, dass Ihr Becken an der Lehne anstößt und Sie die Sitzfläche komplett nutzen. Halten Sie den Oberkörper aufrecht und lehnen Sie sich aus dieser Ausgangsposition

bequem auf eine Seite. Folgende Sitzhaltungen sollten
Sie vermeiden:

- *Die Fluchtposition* (Sitzen auf der vorderen
  Stuhlkante, Gewicht auf die Füße verlagert):
  Sie signalisiert: »Ich will hier weg.«
- *Die Fläzhaltung* (Po an der Sitzkante, gebo-
  gener Rücken angelehnt, Schultern hochge-
  zogen): Damit demonstrieren Sie unbewusst Unterwürfigkeit und Ablehnung.

Jede Änderung Ihrer äußeren Haltung spiegelt
eine Veränderung Ihrer inneren Haltung wi-
der und zieht die unbewusste Aufmerksamkeit
des Gesprächspartners auf sich –
auch wenn Sie das gar nicht
beabsichtigen (sondern Ihnen
einfach nur der Hintern weh
tut). Achten Sie also darauf, wann Sie Ihre Sitzhaltung ändern. Am wenigsten fehlinterpre-
tiert wird das, wenn Sie sich dann anders hinsetzen, sobald es Ihr Gegenüber auch tut.

Beinhaltung: aktiv oder Opfer? Schlagen Sie
die Beine am Anfang nicht übereinander, son-

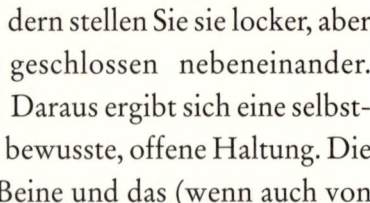

dern stellen Sie sie locker, aber geschlossen nebeneinander. Daraus ergibt sich eine selbstbewusste, offene Haltung. Die Beine und das (wenn auch von der Kleidung verdeckte) Geschlechtsorgan dazwischen sind ein sehr starkes Mittel der Körpersprache. Achten Sie einmal auf die Gäste in Fernsehshows: Nach dem Hinsetzen schlagen fast alle Gäste, vor allem die weiblichen, die Beine übereinander. So versuchen sie, sich vor der unterschwelligen Aggression der Moderatoren zu schützen.

Ein männlicher Gesprächspartner, der Ihnen mit weit geöffneten Beinen gegenübersitzt, setzt damit ein starkes aggressives Zeichen. Als Mann kann es für Sie in kritischen Situationen sinnvoll sein, ebenfalls die Beine zu öffnen und damit Gleichwertigkeit und Kampfbereitschaft zu zeigen. Als Frau sollten Sie bei solch einem Gegenüber »aus der Schusslinie« gehen und sich so vom Gesprächspartner wegdrehen, dass er nur noch Ihre »Breitseite« trifft.

Position am Tisch: Territorialansprüche Setzen Sie sich bei wichtigen Gesprächen nie genau gegenüber, sondern am besten über Eck. Dadurch vermeiden Sie die dauernde direkte Konfrontation. Durch Ihre Körperdrehung können Sie selbst bestimmen, wie weit Sie sich (freundlich oder feindlich) dem Partner zuwenden. Ist ein Tisch zwischen Ihnen, sollten Sie bedenken, dass die Grenze der Intimzonen genau in der Mitte verläuft. Am besten teilen Sie »Ihre Hälfte« ab, indem Sie zum Beispiel einen Kalender dort hinlegen. Hat der andere hingegen etwas von seinen Sachen in Ihre Zone geschoben, kann das auf Konfrontation hindeuten.

Stirnfalten: Interesse oder Desinteresse? *Waagerechte* Stirnfalten zeigen: Die Aufmerksamkeit wird stark in Anspruch genommen. Das kann aus Angst, Schrecken, Erstaunen, Verwirrung oder Überraschung geschehen. Da geschieht Konzentration im wahrsten Sinne des Wortes: Es zieht sich etwas zusammen. Richtet sich die Aufmerksamkeit dagegen auf einen bestimmten

Punkt oder eine bestimmte Person, dominieren die *senkrechten* Stirnfalten.

Achten Sie darauf, wann Ihr Gegenüber von waagerechten zu senkrechten Falten wechselt. Dann wird seine Beachtung für Sie stärker, Sie haben also ein wichtiges Thema angeschnitten. Die senkrechten Furchen können auch ein Warnsignal für Sie sein: Vorsicht, jetzt könnte ein Angriff erfolgen!

Augen: Flüchten oder standhalten? Blickkontakt ist die wichtigste Form der menschlichen Kontaktaufnahme. Es ist jedoch ein verbreiteter Irrglaube, dass ein »fester Blick« gleichbedeutend sei mit unbewegten Pupillen. Probieren Sie es vor dem Spiegel: Sie können sich nicht in »die Augen« schauen, sondern jeweils immer nur in ein Auge.

Das eingefrorene Anstarren (wie es bei einigen Sekten und in schlechten Kursen gelehrt wird) wirkt roboterhaft und unbehaglich. Es genügt, wenn Sie das *Gesicht* Ihres Gegenübers ansehen und dabei immer wieder zu dem einen oder anderen Auge zurückkehren. Halten Sie gerade bei der Übermittlung unangenehmer Botschaften den Augenkontakt. Durch diesen Kontakt signalisieren Sie erstens »Ich habe keine Angst«, und zweitens »Was wir auch immer an Meinungsverschiedenheiten haben, es beeinträchtigt nicht unsere Beziehung«.

Unterkiefer: Stress oder Entspannung? Der Unterkiefer hängt im Normalfall herunter, wenn bestimmte Muskeln ihn nicht bewusst nach oben ziehen. In unserem Kulturkreis gilt ein offen stehender Mund jedoch als »dumm«, und es gibt tatsächlich Forschungsergebnisse, die belegen, dass die in einen offenen Mund strömende kalte Luft über einen längeren Zeitraum abträglich ist für Konzentration und Lernverhalten.

Üben Sie es, den Unterkiefer zu entspannen (die Zähne also nicht aufeinander zu legen), die Lippen dabei aber locker zu schließen. Das ist die gesündeste Mundhaltung. Öffnen Sie ruhig ab und zu den Mund, denn das entspannt die Nackenmuskulatur. Wenn Sie sich dabei noch leicht an die Lippen fassen, dann wird das Öffnen des Mundes als natürlich empfunden.

Wenn Sie bei Ihrem Gegenüber bemerken, dass er den Kiefer zubeißt (vor allem Männer spielen oft mit den aufeinander gepressten Kiefermuskeln), ist das ein deutliches Signal für Stress. Bringen Sie Ihr Gegenüber dann zum Lachen, denn dadurch wird der Dauerdruck auf den Kiefer unterbrochen – und im besten Fall entspannt sich die ganze Person.

Mit Worten mehr erreichen

Natürlich sind es nicht nur die nonverbalen Äußerungen, sondern ganz besonders auch Ihre Worte, mit denen Sie über Ihren Erfolg oder Misserfolg bestimmen. Haben Sie sich schon einmal über Menschen geärgert, die Ihre schönste Idee im Ansatz abgewürgt haben? Oder die stundenlang um den heißen Brei herumreden? Wenn Sie positiv mit anderen Menschen in Kontakt treten und dabei Ihre Wünsche so konkret äußern wollen, dass Sie nicht nur klar verstanden werden, sondern Ihre Wünsche auch erfüllt werden, dann sollten Sie sich an diese einfache Regel halten: »Sag, was du meinst, und du bekommst, was du willst.« Die folgenden Kniffe helfen Ihnen dabei.

Sehen Sie Ihre Stärken Vermeiden Sie kraftlose Ausdrücke wie »Ich werd's versuchen« – »Ich kann das nicht« – »Da bin ich nicht gut drin«. Sagen Sie stattdessen: »Ich werd's tun« – »Ich habe das noch nicht gemacht, aber ich kann es« – »Ich mache Fortschritte«. Sehen Sie statt eines Problems eine Herausforderung, dann sind Sie auf dem besten Weg, ein effizienter Gesprächspartner zu werden.

Geben Sie nie auf, und tun Sie alles, um immer wieder auf die Beine zu kommen. Nehmen Sie »Fehlschläge« als Erfahrungen hin – im Nachhinein betrachtet sind sie meistens die besten Wegweiser im Leben! Streichen Sie den Ausdruck »Hätte ich doch …« aus Ihrem Vokabular, und verwenden Sie ab sofort den Satz »Ab heute werde ich …!«. Verantwortung zu übernehmen heißt, Prioritäten zu setzen, Entscheidungen zu treffen und die Konsequenzen auszuhalten.

Erkennen Sie Ihre eigenen Leistungen und die der anderen an. Spenden Sie aufrichtiges Lob, und zeigen Sie Anerkennung und durchaus auch eigenen Stolz. Sie sollten außerdem aufhören, sich zu rechtfertigen: Wenn Sie Ihre Meinung kundtun, vermeiden Sie Worte wie »bloß« oder »nur«. Beziehen Sie stattdessen deutlich Stellung (»Ich finde, dass ...«). Öffnen Sie sich Ihrem Gegenüber, dann wird der andere es auch Ihnen gegenüber tun.

Bauen Sie Konflikte ab Um Konflikte im Vorhinein zu vermeiden, sollten Sie grundsätzlich nie das Wörtchen »aber« verwenden – denn es baut eine Barriere zwischen Ihnen und Ihrem Gesprächspartner auf. Der simplify-Trick: Ersetzen Sie es durch »und«. Das funktioniert! Dazu ein Beispiel: »Ich sehe ein, dass es ein Qualitätsprodukt ist, aber es ist teuer.« Neu: »Ich sehe ein, dass es ein Qualitätsprodukt ist, *und* es ist teuer.« Spüren Sie den Unterschied?

Stellen Sie beim Reden Gemeinsamkeiten

her durch das Wörtchen »wir« statt »ich«. Seien Sie ein Friedensengel durch eine konfliktreduzierte Sprache. Eine Art Zauberformel zur frühzeitigen Vermeidung von Konflikten ist auch der Ausdruck »Ich empfehle Ihnen ...« Testen Sie's, und lassen Sie sich überraschen.

Es ist auch wichtig, aktiv zuzuhören. Vermeiden Sie Geschwätz und vage Äußerungen. Nehmen Sie Ihren Gesprächspartner ernst, vermitteln Sie ihm Vertrauen. Fragen Sie nach, wenn Sie nicht sicher sind, alles richtig verstanden zu haben (am wichtigsten ist das beim Namen Ihres Gegenübers). Sie sollten sich auch nie mit einem bloßen Ja oder Nein zufrieden geben.

Vermeiden Sie Einleitungen wie »Entschuldigung« – »Darf ich eine Frage stellen?« – »Darf ich unterbrechen?« Fragen Sie stattdessen einfach. Sie können das hervorragend im Kaufhaus üben: Sprechen Sie dort niemals einen Verkäufer mit »Entschuldigung« an. Sie werden merken, wie viel kraftvoller und selbstbewusster Sie wirken, ohne unhöflich zu sein.

Sagen Sie die Wahrheit Ihr eiserner Grundsatz sollte sein: »Ich darf jederzeit Nein sagen, wenn ich nicht Ja sagen will.« Falls Ihnen das zu schroff vorkommt, erbitten Sie sich Bedenkzeit. Lassen Sie sich nicht zu einer voreiligen Entscheidung zwingen. Bei einer Verneinung sollten Sie allerdings zu endgültig wirkende Wörter wie »immer«, »nie«, »alles« oder »nichts« vermeiden.

Geben Sie eigenes Unrecht zu – in klaren Worten, ohne Herumreden und ohne große Entschuldigungen und vor allem ohne Schuldzuweisungen an andere. Hören Sie danach ziemlich unvermittelt auf, und nutzen Sie die entstehende Pause dazu, Ihrem Gesprächspartner freundlich in die Augen zu blicken. Das verfehlt selten seine Wirkung. Endloses Lamentieren über eigene Fehler schwächt Sie; ein klares Bekenntnis zu dem, was Sie an der negativen Situation zu verantworten haben, stärkt Sie hingegen.

Handeln Sie sofort Präzise Kommunikation ist mehr als nur reden. Die Devise heißt: denken – sprechen – handeln. *simplify-Tipp:* Gestalten Sie Ihre Aussage so, dass am Schluss eine sofort vollziehbare Handlung steht, zum Beispiel so: »Ich werde mich Ihrem Projekt total widmen. Ich streiche für morgen alle anderen Termine!« Und dann streichen Sie vor den Augen des anderen in Ihrem Kalender diese Termine durch.

Lassen Sie sich bei Ihrem Tun von Ihrer eigenen Vorrede unterstützen. Vermeiden Sie kraftlose Begriffe. Sagen Sie also nicht: »Ich will sehen, ob ich morgen Platz für Ihr Projekt finde«, sondern sagen Sie klar: »Morgen bin ich viel unterwegs. Wenn Sie mich genau um 9 Uhr anrufen, habe ich 10 Minuten für Sie Zeit.« Sie werden merken: Bald sind Sie höchst sensibel für die kraftlose Sprache um Sie herum – und machen es selbst besser.

simplify-Schreibtipps

Die nach Körpersprache und Rede drittwichtigste Form der Kommunikation ist das geschriebene Wort. Hier lassen wir Sie etwas hinter die Kulissen von *Simplify your life* gucken.

Ob Sie ein kurzes Memo schreiben, einen Brief oder einen ganzen Roman – die folgenden Regeln werden Ihnen dabei helfen.

Du sollst nicht langweilen Die wichtigste Einsicht beim Verfassen von Texten: Ihre Leser vergeben Ihnen eigentlich alle Fehler – außer Langeweile. Lesen Sie deshalb jeden Ihrer eigenen Sätze durch und fragen Sie sich dabei: Würde ich als Leser davon aufwachen? Erfahre ich etwas Neues? Ist da irgendetwas dabei, das ich weitererzählen möchte?

WBM ist der Sender, den jeder am liebsten hört: »**W**as **b**ringt's **m**ir?« Menschen wollen wissen, was sie persönlich davon haben, dass sie Ihre Zeilen lesen. Verraten Sie am besten schon am Anfang den Nutzen: »Mit diesen fünf Punkten werden unsere Sitzungen effizienter und kürzer.« Wetten, dass dieser Text gelesen wird?

Sprechen Sie den Leser an Gebrauchen Sie häufig persönliche Fürwörter (»Sie«, »Ihnen«, »Ihre«). Reduzieren Sie »ich«, »meine«, »wir«

und vor allem »man«. Fast immer lassen sich diese Wörter durch ein »Sie« ersetzen. Das gilt auch für Texte, in denen das »Sie« (noch) nicht üblich ist, wie etwa Bedienungsanleitungen. Verwenden Sie auch möglichst kein »ich«, es sei denn, Sie werden sehr persönlich. Machen Sie den simplify-Sommersprossentest: Stellen Sie sich vor, jedes persönliche Wort (»Sie«, »Ihr«, »Ihnen«) ist rot eingekringelt. Je mehr Ihr Text dann nach Sommersprossen aussieht, um so besser!

Warum können gute Redner oft so schlecht schreiben? Weil sie sich nicht trauen, zu »sprechschreiben«. Haben Sie keine Scheu vor den Ecken und Kanten, die sich beim Reden oft ergeben. Schreiben Sie im Zweifelsfall so, wie Sie es sagen würden, und haben Sie Mut zur Alltagssprache: »Zu erfassen vermögen« sagt doch keiner – »kapieren« versteht jeder.

Einfach statt kompliziert Wenn ein Leser, um zu verstehen, was Sie ihm wegen mehrerer von Ihnen eingeschobener Zwischengedanken, die den eigentlichen Aufbau stören, sagen wollten, an den Satzanfang zurücklesen muss, so wie bei diesem Satz, dann ist das nicht der Fehler des Lesers, sondern Ihrer. Der simplify-Test: Lesen Sie lange Sätze, die Sie geschrieben haben, laut vor, und teilen Sie zu lange Sätze auf. Das geht nachträglich ganz einfach. Merke: Der Punkt ist das schönste Satzzeichen.

Schreiben Sie so, dass es ein Schüler aus der 7. Klasse verstehen könnte. Das ist die offizielle redaktionelle Vorgabe beim renommierten *Wall Street Journal*. Machen Sie sich deshalb klar: Was die Leser nicht verstehen, das interessiert sie auch nicht. Ihre Texte halten Sie auch möglichst einfach, wenn Sie die Aktiv- statt der Passivform wählen: »Peter liebt Maria« ist einfach schöner als »Maria wird von Peter geliebt«. Auf Deutsch heißt Passiv »Leidensform«, und diese Pein können Sie Ihren Lesern ersparen.

Erzählen Sie Geschichten »Facts tell, stories sell«, sagen die Amerikaner: Fakten erzählen, Geschichten verkaufen. Am besten sind immer noch die eigenen Geschichten. Nichts kann Ihre eigenen Einsichten besser illustrieren als Ihre persönlichen Erlebnisse damit.

Benutzen Sie beim Erzählen farbige Beispiele, die dem Leser helfen, sich eine Szene bildlich vorzustellen. Beschreiben Sie Neues mit Bekanntem: »Miriams erster Tag in ihrem neuen Beruf erinnerte sie an das wunderbare und zugleich leicht schaurige Gefühl, das sie an ihrem ersten Schultag hatte.«

Aber sprechen (erzählen, schreiben) Sie nur von Dingen, bei denen Sie sich auskennen. Hier gilt die Faustregel: Sie sollten über das Thema Ihres Textes 100-mal mehr wissen, als Sie hinschreiben. Verlassen Sie sich darauf: Auch wenn Sie nur 1 Prozent Ihres Wissens zu Papier bringen – der Leser spürt in jedem Fall, dass »noch mehr dahinter« steckt.

Schlafen Sie drüber Bei kaum einem Profischreiber sitzt alles beim ersten Versuch. Fangen Sie daher lieber etwas früher an, und schreiben Sie frisch von der Leber weg. Gönnen Sie Ihrem Text aber dann mindestens einen Tag Pause. Wenn Sie ihn am nächsten Tag lesen, werden Sie erstaunlich leicht erkennen, was noch zu ändern und zu verbessern ist.

Die beiden wichtigsten Dinge, die Sie als Schreibender tun sollten: viel lesen und viel schreiben, egal was. Schreiben Sie für sich (zum Beispiel Tagebuch) und andere. Lassen Sie sich nicht entmutigen, wenn jemand Ihren Text ablehnt oder korrigiert. Sagen Sie sich: Mit jeder Zeile, die ich schreibe, werde ich besser. Automatisch. Und lesen – das tun Sie ja in diesem Moment bereits. Sehr gut. Weiter so!

Gute Freunde sind kein Zufall

Der eine hat's, der andere nicht: Ein Geflecht von Freunden und Bekannten, auf die er bei Problemen zurückgreifen kann. Die gute Nachricht: Freunde kann jeder haben, wenn er nur ein paar einfache Regeln beherzigt.

Machen Sie Komplimente Aufrichtiges Lob, das hatten wir gerade schon, hat eine enorme Zauberkraft. Es ist überraschend, wie selten Menschen Komplimente hören. Dabei gibt es keinen besseren Anknüpfungspunkt als ein ehrliches, ohne Ironie oder blöde Sprüche verwässertes Kompliment: »Sie strahlen heute so, das ist ja wunderbar.« Wenn der andere verlegen oder sogar abweisend reagiert, verlassen Sie sich darauf, dass er innerlich strahlt. Nehmen Sie's nicht tragisch, falls Sie mit Ihrem Lob einmal abblitzen (»Sagen Sie das jeder Frau?«) – manche Menschen mögen sich einfach nicht. Für über 90 Prozent der Gelobten aber ist Ihr Wort Gold wert.

Machen Sie Komplimente nicht aus Prinzip oder nur aus taktischen Gründen – aber wenn Sie sich freuen, dann sollten Sie das auch mitteilen. Wenn Sie in einem Restaurant, einer Werkstatt oder bei einem Händler besonders gut bedient wurden, lassen Sie am besten den Geschäftsführer kommen und machen Sie ihm ein Kompliment für seinen Laden oder seine Mitarbeiter. Auf diese Weise haben Sie bald ein stabiles Netzwerk, in dem Sie Stammkunde sind – mit vielfältigen Vorteilen.

Geben Sie auch Lob aus zweiter Hand weiter. Ein Netzwerk aus Ihnen wohl gesonnenen

Menschen bauen Sie auf, indem Sie Empfehlungen Vorrang geben. Wollen Sie etwas kaufen oder benötigen Sie eine Dienstleistung, fragen Sie kompetente Bekannte, wo sie gute Erfahrungen gemacht haben. Angenommen, Ihr Freund Ernst Ehrlich hat Ihnen Malermeister Mömmel empfohlen. Beginnen Sie Ihr Telefonat mit dem Maler so: »Herr Ehrlich war immer sehr zufrieden mit Ihnen.« Das gibt Ih-

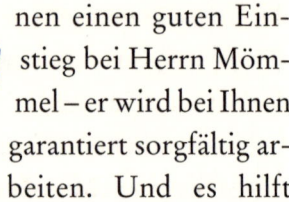

nen einen guten Einstieg bei Herrn Mömmel – er wird bei Ihnen garantiert sorgfältig arbeiten. Und es hilft auch Herrn Ehrlich, falls er den Maler mal wieder braucht. Gute Handwerker bilden übrigens selbst verlässliche Netzwerke – benötigen Sie einen Fliesenleger, wird Ihnen Herr Mömmel den besten nennen, den er kennt!

Nutzen Sie die Ankermethode Seien Sie interessiert – und interessant. Bringen Sie in einer Unterhaltung stets so viele Fakten, Beschreibungen und Bilder wie möglich ein, wenn Sie von sich erzählen. Damit bieten Sie Ihrem Gesprächspartner Möglichkeiten einzuhaken.

Suchen Sie in den Beiträgen des anderen ebenfalls nach solchen »Ankerplätzen«.

Dazu ein Beispiel: Antworten Sie auf die Frage nach Ihrer Herkunft nicht einfach »aus Franken«, sondern »aus Nürnberg, der Heimat von Peter Henlein, dem Erfinder der Taschenuhr«. – »Ach, tatsächlich? Uhren sind meine Leidenschaft ...« Damit kann aus einer belanglosen Vorstellung ein anregendes Gespräch werden.

Haben Sie keine Angst vor großen Tieren. Wenn Sie einen Menschen bewundern und ihn kennen lernen möchten, dann tun Sie's! Nutzen Sie Ihre Möglichkeiten. Schlagen Sie zum Beispiel Ihrem Chef vor, Frau Promi (die Sie sehr bewundern) zu einem Vortrag einzuladen. Bieten Sie sich an, den Kontakt herzustellen. Informieren Sie sich vorher ausführlich über Frau Promi, und bemühen Sie sich um ein attraktives Angebot. Wichtiger als Geld ist dabei häufig ein interessantes Publikum oder eine reizvolle Aufgabe. Selbst wenn nichts aus der Begegnung wird – Sie haben damit vielleicht einen attraktiven Knoten in Ihrem Netz geknüpft.

Hören Sie positiv auf Beenden Sie das Gespräch mit einem ehrlichen Lob. »Es war wirklich sehr schön für mich, mit Ihnen zu sprechen. Es würde mich freuen, Sie einmal wiederzusehen.« Sagen Sie das nur, wenn Sie es wirklich so meinen. Verwenden Sie niemals eine Formel wie »Ich rufe Sie einmal an«, nur um jemanden loszuwerden. Wenn Sie jemanden nicht mögen, gehen Sie freundlich und höflich auseinander, damit jeder seine Würde bewahren kann.

Haken Sie nach. Bedanken Sie sich bei jemandem, mit dem Sie eine gute Begegnung hatten. Schicken Sie ihm Fotos von Ihrer Begegnung oder eine freundliche E-Mail. Werden Sie dabei nicht aufdringlich, aber machen Sie deutlich, dass Sie gerne weiter in Kontakt bleiben möchten.

Den Chef vereinfachen

88 Prozent der Arbeitnehmer halten ihren Chef für »schwierig«, und jeder fünfte gibt sogar an, ihn zu »hassen«. Dabei können Sie die Beziehung zu Ihrem Vorgesetzten aktiv beeinflussen und verbessern. Der Buchautor Martin Wehrle hat aus seinen eigenen Erfahrungen als Vorgesetzter einige Tipps dazu erarbeitet.

Regel 1: Kein Opfer sein Seien Sie vorsichtig in der Wortwahl. Sagen Sie nicht »Mein Chef ärgert mich«, sondern »Ich lasse mich von meinem Chef ärgern«. Fällt Ihnen der Unterschied auf? Die erste Sichtweise macht Sie zum Opfer. Im zweiten Fall behalten Sie die Hoheit über Ihre Gefühle. Sie entscheiden selbst, wie Sie auf Ihren Chef reagieren. Warum sollten Sie sich beispielsweise von seinem grundlosen Wutanfall Ihren Tag verderben lassen, wenn das Problem gar nicht bei Ihnen liegt? Sagen Sie sich ganz bewusst: Mein Chef kann mich nicht ärgern – es sei denn, ich lasse mich ärgern!

Regel 2: Schwächen als Chance Regen Sie sich nicht über die Schwächen Ihres Chefs auf – denn gerade die sind Ihre Chance. Er kümmert sich um nichts? Dann haben Sie Freiraum, Ihre Arbeit selbst zu gestalten! Er ist ein kreativer Chaot? Dann können Sie Ihr Talent als ordnende Hand beweisen! Sein Horizont geht nicht über den Radius eines Bierdeckels hinaus? Dann helfen Sie ihm mit Ihren Visionen auf die Sprünge! Ihre Belohnung: mehr Spaß an der Arbeit und mehr Einfluss auf den Chef.

Tappen Sie nie in die Tratsch-Falle! In fast allen Firmen haben die Mitarbeiter ein Lieblingsthema: den Chef. Es wird gelästert, was das Zeug hält. Das Dumme daran: Irgendwer erzählt es ihm immer weiter. Dann fallen Ihre abfälligen Bemerkungen auf Sie zurück. Wenn Sie Ihrem Chef also etwas Kritisches sagen wollen, dann unter vier Augen, aber nie hinter seinem Rücken!

Regel 3: Vitamin B aufbauen Untersuchungen haben erwiesen, dass eine Beförderung nur zu 10 Prozent von Ihrer Leistung abhängt, aber zu 90 Prozent von Ihrer Selbst-PR und Ihrer Beziehung zum Vorgesetzten. Ihr Chef ist auch nur ein Mensch – behandeln Sie ihn so, wie Sie von ihm behandelt werden möchten. Geizen Sie nicht mit Lob, und hören Sie ihm zu, wenn er von sich spricht. Erzählen Sie ihm gelegentlich von Ihren Hobbys und Ihrer Familie. Vielleicht haben Sie ja einige Gemeinsamkeiten, und die sind ein guter Gesprächsstoff. Je besser Sie mit Ihrem Chef auskommen, desto besser kommen Sie in der Firma voran.

Mancher lässt die Chefsekretärin links liegen – schließlich kommt es nur auf das Urteil des Chefs an. Das wird aber oft von seiner Sekretärin beeinflusst. Sie ist sein Ohr an der Abteilung, ihr Urteil kann eine Karriere fördern oder vernichten. Pflegen Sie deshalb immer einen guten Draht zur Chefsekretärin, und machen Sie sie in wichtigen Dingen zu Ihrer Komplizin.

Regel 4: Lob nutzen Klappern gehört zum Handwerk – aber es kann auch nach hinten

losgehen, wenn Sie sich vor Ihrem Chef pene-
trant selbst loben. Lassen Sie deshalb nach

Möglichkeit vor allem andere für sich werben: Wenn Sie
ein wichtiger Kunde oder
Geschäftspartner lobt, bitten
Sie ihn, das auch Ihrem Chef direkt mitzutei-
len. Lob aus dem Munde Dritter wirkt glaub-
würdiger und hebt Ihr Ansehen beim Chef.

Regel 5: Was hat der Chef davon? Sprechen
Sie nicht von Ihrem Vorteil, wenn Sie etwas
von Ihrem Chef wollen – zeigen Sie ihm, was
er davon hat! Dass Sie eine Gehaltserhöhung
brauchen, um ein neues Auto zu kaufen, wird

ihn kaum beeindrucken. Wenn Sie
ihm aber zeigen, dass Sie Ihre
Leistung ausbauen und jeder Cent
in Ihr Gehalt bestens investiert ist,
dann bekommen Sie sein Ja-Wort.

Wenn Ihr Chef eine Schnapsidee hat, reden
Sie ihm seinen Einfall nicht aus, sonst laufen
Sie Gefahr, dass er aus Trotz auf seiner Idee be-
harrt – schließlich ist er der Boss. Zeigen Sie
ihm stattdessen objektiv die positiven und negativen Konsequenzen, überlassen Sie es aber

ihm, die Schlüsse daraus zu ziehen, und haben Sie etwas Geduld. So geht ihm das gewünschte Licht viel eher auf.

Regel 6: Wer fordert, wird gefördert Erwarten Sie nicht, dass Ihr Chef mit einer Beförderung auf Sie zukommt. Wenn Sie an Ihrem jetzigen Arbeitsplatz funktionieren, hat er in der Regel ein Interesse daran, Sie dort festzuhalten. Machen Sie deshalb deutlich, wohin Ihr Karrierezug fahren soll. Definieren Sie ein Ziel (Ihre Wunschposition) und einen Zeitraum, in dem Sie es erreichen wollen. Dazu bietet sich zum Beispiel ein Mitarbeitergespräch an. Nehmen Sie Ihre Karrierepläne selbst in die Hand!

Die meisten Chefs sind nicht allmächtig, sondern haben auch einen Vorgesetzten über sich – und der entscheidet über Ihre Anliegen mit. *simplify-Tipp:* Geben Sie Ihrem Chef eine Argumentationshilfe an die Hand. Wenn Sie mehr Gehalt wollen, legen Sie ihm ein Leistungstagebuch vor. Mit dieser Munition kann er Ihr Anliegen besser bei seinem Oberboss vertreten.

So bitten Sie richtig

Es ist wunderbar, wenn man sich helfen lassen kann! Manchmal jedoch möchten Sie jemanden um etwas bitten – und tun es dann aber doch nicht. Entweder weil es Ihnen peinlich ist, oder weil Sie denken »Der sagt sowieso Nein«. Schluss damit! Natürlich kann Ihr Gesprächspartner Ihren Wunsch ablehnen, aber er kann auch positiv reagieren. Wenn Sie nicht fragen, berauben Sie sich – und auch den anderen – dieser Chance. Hier einige *simplify-Frage-Tipps:*

Nicht um den heißen Brei herum Fragen Sie direkt auf den Punkt, etwa: »Wenn du zur Bibliothek gehst, kannst du bitte dieses Buch für

mich abgeben?« Anstatt: »Du gehst zur Bibliothek? Tja, da müsste ich eigentlich auch hin. Ich müsste noch ein Buch zurückgeben …« Reden Sie dabei so laut und deutlich, wie Sie normalerweise auch sprechen.

Auch wenn Sie eine größere oder für Ihr Gegenüber eher unangenehme Bitte haben: Formulieren Sie klar und ehrlich, was Sie möchten und was das für den anderen bedeutet. Lassen Sie ihm dabei die Möglichkeit, abzulehnen – aber nehmen Sie die Ablehnung nicht vorweg. Zu Ihrer Kollegin, die gerade nach Hause gehen will, sagen Sie beispielsweise: »Ich weiß, es ist spät und Sie sind am Gehen. Könnten Sie bitte trotzdem noch meinen Text für morgen gegenlesen? Es dauert vermutlich 15 Minuten, aber es wäre mir eine große Hilfe.«

Nennen Sie Ross und Reiter. Wenn Sie möchten, dass ein Kollege eine Arbeit erledigt, die normalerweise Ihr Job ist, so erklären Sie ihm, warum Sie die Aufgabe jetzt nicht selbst erledigen können oder wollen. Sie brauchen dazu nicht bis ins letzte Detail zu gehen, aber Sie sollten weder Ihrem Kollegen noch sich selbst etwas vormachen. Sie können das zum Beispiel so formulieren: »Ich kann Frau Reich nur zwischen 14 und 15 Uhr treffen. Falls um diese Zeit Kundenanfragen kommen, könnten Sie die bitte für mich bearbeiten?«

Ver-ein-fachen! Erbitten Sie immer nur *eine* Sache, nicht mehrere. Es ist völlig in Ordnung, jemanden um Unterstützung zu bitten – mehrere Bitten auf einmal aber können eine Person leicht überwältigen. Und Sie laufen somit Gefahr, dass der andere ablehnt, obwohl er Ihnen *einen* Gefallen gern getan hätte.

Ebenfalls wichtig für richtiges Bitten: Fakten, Fakten, Fakten! Drücken Sie sich klar aus.

 Geht es um einen Arbeitsauftrag, so sagen Sie deutlich, was wie erledigt werden muss. Geben Sie Ihrem Gesprächspartner alle Informationen, die er braucht, um sich zu entscheiden, ob und wie er Ihre Bitte erfüllt.

Vertrauen siegt Trauen Sie dem anderen zu, dass er Ihren Auftrag richtig erfüllt. Sie haben klar formuliert, was Sie möchten, er hat Ihnen eine klare Antwort gegeben. Gehen Sie also davon aus, dass die Sache läuft. Kontrollieren Sie nicht jeden Arbeitsschritt, das nervt oder signalisiert sogar Misstrauen – und sorgt so vielleicht dafür, dass er in Zukunft keine Aufgaben mehr für Sie übernimmt.

Sollte Ihr Kollege Ihre Bitte ablehnen, nehmen Sie ein Nein in Kauf. Seien Sie bei einer Ablehnung nicht vergrätzt. Sie haben eine offene Frage gestellt, akzeptieren Sie also auch die Antwort. Bedanken Sie sich für die Aufmerksamkeit, auch wenn Ihr Gegenüber die erbetene Hilfe nicht leistet.

Per E-Mail kommunizieren

Bisher kamen Sie mit Frau Fröhlich ganz gut aus. Natürlich hatten Sie auch bisher gegenseitig immer ein wenig aneinander auszusetzen. Aber seit einigen Monaten werden die kleinen Sticheleien unerträglich. Das Verhältnis zu ihr ist total angespannt. Sie bekommen schon Bauchweh, wenn Sie an sie denken. Was ist passiert? Der Grund dafür kann höchst banal sein: Sie leiden beide an der »E-Mail-Depression«, ein in vielen beruflichen Beziehungen zu beobachtendes Phänomen. Vermutlich haben Sie Frau Fröhlich lange nicht mehr gesprochen oder gesehen. Weil Sie beide viel beschäftigt sind, hat sich Ihre Kommunikation immer mehr per Computer abgespielt – und nun rächt sich das. Wir wollen Ihnen zeigen, woran das liegt.

Trotz ;-) und flotter Sprüche herzlos Menschliche Kommunikation ist ein vielschichtiges Gebilde. Es besteht aus Körpersprache, Augenkontakt, Stimme – und einem vergleichsweise kleinen Anteil echter Informationsübermittlung. Bei einem Telefongespräch werden über die Sprachmelodie und die Möglichkeit des gegenseitigen Reagierens noch viele Emotionen übertragen. Selbst ein Brief oder ein Fax transportiert durch den Briefbogen oder die Unterschrift noch einen kleinen Rest Persönlichkeit. Bei E-Mail oder SMS fällt jedoch selbst das weg. Und viele Menschen haben sich, obwohl es Ihnen selten bewusst auffällt, an diese Kargheit noch nicht gewöhnt.

Viel Platz für Verdächtigungen Mit E-Mails allein lässt sich kein echtes Vertrauensverhältnis aufbauen und in Gang halten. Der extrem knappe Schreibstil, der sich beim hastigen Eintippen der Antworten eingebürgert hat, lässt viel Raum für Spekulationen: Warum war der andere so kurz angebunden? Warum ist sie auf meine Argumente nicht eingegangen?

Vermeiden Sie die elektronische Monokultur. E-Mails ermuntern dazu, auf bequeme Weise sofort eine Antwort zu tippen. Erliegen Sie diesem Automatismus nicht vollständig, sondern antworten Sie immer wieder einmal spontan per Telefon. Erleichtern Sie das auch Ihrem Mailpartner, indem Sie unter Ihre elektronischen Botschaften standardmäßig Ihre Telefonnummer setzen (das lässt sich durch die Einstellungen bei der Funktion «Absender» automatisieren). Fordern Sie Ihren Korrespondenzpartner auch einmal direkt dazu auf, Sie anzurufen, und teilen Sie die Uhrzeiten mit, zu denen Sie erreichbar sind. Um eine geschäftliche Beziehung dauerhaft stabil zu halten, genügt folgender Minimal-Mix: einmal pro Jahr eine persönliche Begegnung, alle drei Monate ein Telefonat und dazwischen Briefe, Faxe oder E-Mails.

Sehen Sie den Telefonkontakt nicht nur als Erinnerung und Ermahnung (»Haben Sie schon meine Mail gelesen?«), sondern vor al-

lem als Möglichkeit zur emotionalen Er-
munterung und Motivation. Das sind die
Stärken des persönlichen Gesprächs!
Drohen und drängen können Sie auch mit einer E-Mail.

So optimieren Sie Ihre E-Mails Wenn Sie re-
gelmäßig Telefonate und Auge-in-Auge-Ge-
spräche einbauen, können Sie Ihre E-Mails
knapp halten. Wenn Sie mehrere Anliegen haben, nummerieren Sie sie am besten durch, damit der andere nichts übersieht. Schreiben Sie
am Schluss möglichst konkret, was Sie von Ihrem Gegenüber erwarten (Stellungnahme, Zu-
sage, Termin, Korrektur, Zusendung von Unterlagen oder was auch immer).

Wenn Sie sehr verschiedene Anliegen haben
(von denen Ihr Mailpartner möglicherweise einige an andere Leute weiterleiten muss), dann
teilen Sie sie unbedingt in mehrere Mails auf.
Formulieren Sie in der Betreffzeile deutlich,
worum es geht. Statt »Meeting« schreiben Sie
lieber »Meeting am 11.11.: Konstruktions-
zeichnung mitbringen!«. So vereinfachen Sie
die Mails auch für Ihre Kollegen.

Zum Schluss:
Haben Sie Geduld

Wir hatten Ihnen versprochen, dass Sie mit den Tipps und Methoden in diesem Buch Ihren Arbeitsalltag gelassen meistern werden. Das geht - aber es geht nicht von heute auf morgen. Deshalb bitten wir Sie am Schluss, auch den Weg zum Ziel selbst in heiterer Gelassenheit zu gehen. Zu viele Menschen geben zu früh auf und verfallen zu schnell wieder in die gewohnten erlernten Muster der operativen Hektik.

Der oberste Manager eines riesigen weltweit operierenden Konzerns hatte das gleiche Problem und hat daher in jahrelanger Arbeit ein Programm entwickelt, mit dem arbeitende Menschen zu innerer Ruhe und Geduld finden können. Er hat es immer mehr vereinfacht, bis es am Ende in zehn kurze Regeln passte. Der Manager, von dem die Rede ist, hieß Giuseppe Roncalli (1881 – 1963) und war unter dem

Namen Johannes XXIII. von 1958 bis zu seinem Tod Papst der katholischen Kirche. Er bezeichnete Heiterkeit, innere Ruhe und Hingabe an Gott als die drei Säulen seines Lebens.

Entsprechend menschenfreundlich fallen seine »Zehn Regeln der Gelassenheit« aus. Sie gelten immer nur für einen Tag, nämlich für den, der gerade vor Ihnen liegt, und eignen sich deswegen besonders gut als kleine morgendliche Meditation. Besonders hilfreich sind die Regeln von Johannes XXIII. für etwas trägere Zeitgenossen, die hier die richtige Rezeptur aus Selbstmotivation und Selbstverpflichtung finden.

1. Leben Nur für heute werde ich mich bemühen, einfach den Tag zu erleben – ohne alle

Probleme meines Lebens auf einmal lösen zu wollen.

2. Sorgfalt Nur für heute werde ich große Sorgfalt in mein Auftreten legen und vornehm sein in meinem Verhalten. Ich werde niemanden kritisieren. Ich werde nicht danach stre-

ben, die anderen zu korrigieren oder zu verbessern – nur mich selbst.

3. Glück Nur für heute werde ich in der Gewissheit glücklich sein, dass ich für das Glück geschaffen bin – nicht für die andere, sondern auch für diese Welt.

4. Realismus Nur für heute werde ich mich an die Umstände anpassen, ohne zu verlangen, dass die Umstände sich an meine Wünsche anpassen.

5. Lesen Nur für heute werde ich zehn Minuten meiner Zeit einer guten Lektüre widmen. Wie das Essen notwendig ist für das Leben des Leibes, ist eine gute Lektüre notwendig für das Leben der Seele.

6. Handeln Nur für heute werde ich eine gute Tat vollbringen. Und ich werde niemandem davon erzählen.

7. Überwinden Nur für heute werde ich etwas tun, wozu ich keine Lust habe. Sollte ich mich

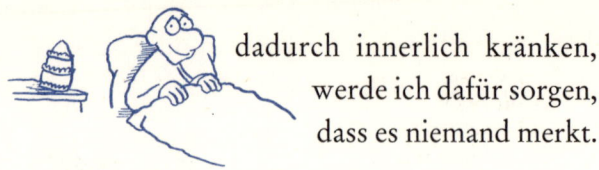

dadurch innerlich kränken, werde ich dafür sorgen, dass es niemand merkt.

8. Planen Nur für heute werde ich ein genaues Programm aufstellen. Vielleicht halte ich mich nicht genau daran. Aber ich werde es aufschreiben und mich vor zwei Übeln hüten: vor der Hetze und vor der Unentschlossenheit.

9. Mut Nur für heute werde ich keine Angst haben. Ganz besonders werde ich keine Angst haben, mich an allem zu freuen, was schön ist – und ich werde an die Güte glauben.

10. Vertrauen Nur für heute werde ich fest daran glauben (selbst wenn die Umstände das Gegenteil zeigen sollten), dass die gütige Vorsehung Gottes sich um mich kümmert, als gäbe es sonst niemanden auf der Welt.

Nur für heute Dabei werde ich mich nicht durch den Gedanken entmutigen lassen, ich müsste all das mein ganzes Leben lang durchhalten.

142